U0140593

和苏东坡一起吃饭

郭晔旻 著

ZHEJIANG UNIVERSITY PRESS
浙江大学出版社

目　录

我们热爱的中国菜，究竟为什么魅力无穷？

但凡逢年过节，各地的餐馆酒家都会变得热闹起来。中国的饮食向来被国人视为骄傲，孙中山在《建国方略》中曾自豪地评价："我中国近代文明进化，事事皆落人之后，惟饮食一道之进步，至今尚为文明各国所不及。"其中的魅力究竟来自何处呢？

饮食的态度

首要的原因，大概在于对饮食的态度。《圣经》里提到了人类的"七宗罪"：傲慢、暴食、色欲、暴怒、嫉妒、懒惰，以及"贪食"。有时，人类的灵魂被吞噬不是因为饥饿，而是因为食物泛滥。食物好像双子座的撒加，瞬间成为诱惑化身的恶魔。

于是，古代的地中海世界，食物的选择范围有着诸多限制，诚然，《创世记》确实说了"凡活着的动物，都可以作你们的食物。这一切我都赐给你们，如同菜蔬一样"。但紧接着《圣经》又对食物（肉食）来源做了严格规定，比如："但是有翅膀有四足的爬物，你们都当以为可憎"，这就是说各种两栖、爬行动物（蛙、大鲵）都是不能吃的；"凡在海里、河里，并一切水里游动的活物，无翅无鳞的，你们都当以为可憎"，这样一来，吃甲鱼、螃蟹似乎也成了上帝所不赞许的事情。

更有甚者，在中世纪的西欧社会，自诩"代表上帝意志"的天主教会干脆规定，每年复活节前的40天，每个星期五（耶稣在星期五受难），在某些地方还有星期三，以及一些重要的宗教节日，如圣诞节的前夕，人们必须斋戒，禁止吃肉——问题在于，这些日子加起来居然有大半年之久……

而中国人的态度恰恰相反。《管子》里说，"王者以民为天，而民以食为天"。《尚书·洪范》中"洪范八政"则把"食"放在了第一位，"食"在中国文化里的重要性就可窥一斑。明太祖朱元璋推翻元朝后禁止"胡语""胡服"，却没有提到"胡食"；明清帝国鄙视西洋夷狄却也不曾阻止美洲作物（马铃薯、甘薯、玉米）在中国扎根，进而养活了几亿中国人。

于是乎，中国人的食材，比西方要来得广泛得多。如今有句话叫作"没有广东人不敢吃的"，其实在世界范围内，即便将之改成"没有中国人不敢吃的"也不见得有什么夸张之处。中世纪以来的欧洲旅行家的看法当然是最具说服力的。当他们跨越万水千山，沿着丝绸之路抵达遥远的东方的时候，几乎立即愕然发现自己熟悉的宗教规定的各种饮食忌讳在这里荡然无存。《马可·波罗游记》就提到，在昆明，人们蘸着蒜汁吃生肉，还吃蛇——甚至是毒蛇。在杭州，"人们什么肉都吃，包括野兽肉和各种动物肉"。在福州，"你要知道，当地人什么样的野兽肉都吃……"下一个世纪的阿拉伯旅行家，摩洛哥人伊本·白图泰同样注意到，"中国的异教徒不仅吃犬豕之肉，而且还在市场上出售"。

至于几百年后来到中国的，但同样大名鼎鼎的利玛窦则发现，中国"东西以及南北都有广大的领域，所以可以放心地断言：世界上没有别的地方在单独一个国家的范围内可以发现有这么多品种的动植物"。另一位葡萄牙传教士加斯帕·达·克路士（Gaspar da Gruz）更是惊叹中国人可取用食材的广泛程度："有大量牛肉和类似牛肉的水牛肉，有很多鸡、鹅和数不清的鸭。无数的猪，猪肉是他们最爱吃的，他们把猪肉制成非常奇特的腌肉，当葡人到印度去进行贸易时，就把无数的腌肉运去那里。中国人重视猪肉到把它给病人吃的程度。他们也吃蛙，蛙是养在门口的大水盆中出卖的，售卖的人要负责剥开。在极短时间内他们能剥 100 只，他们是从背面剥开个口子，从那里把皮剥光。鱼非常之多，有好品种，都很好，市场上从不缺鱼。有很多螃蟹和牡蛎及别的甲壳类，都很好，这些在市场有的是……"虽然这些传教士们的信条是入乡随俗，但其字里行间仍然满是惊诧之情。

随着来华西人数量的增多，"没有什么是中国人不吃的"日渐成为19世纪以后西方人的共识。他们在表示无法理解的同时也只能坦率地承认："中国人逮到什么就吃什么，似乎自然界的生物没有这个民族不吃的"；"中国人在选择食物方面也许是最少讲究的……狗、猫和老鼠在市场上公开出售，供那些买得起多余食品的人食用"。

独有的技巧

当然，对于食材的选择也不能一概而论。即便在受到宗教戒律严格束缚的中世纪欧洲，上等阶级的食谱同样令人瞠目。在流传至今的一份中世纪英格兰约克郡为内维尔大主教就职而举行的著名宴会的菜单上，6000名宾客消耗掉了300夸脱（按英制夸脱计算约284千克）小麦，300桶浓啤酒、100桶葡萄酒，104头牛、6头野牛、1000只绵羊、304头小牛、400只天鹅、2000只鹅、1000只阉鸡、2000头猪、104只孔雀、13500只各种各样或大或小的鸟类，此外还有500多头牡鹿、狍子，1500个热鹿肉饼，608条狗鱼和鳊鱼，12只海豚和鼠海豚，13000种果子酱，烘制的馅饼，冷热蛋奶沙司。无论是品种和数量，都可以用"可观"来形容了。

从这个角度而言，相较食材，中国菜的烹饪技法更具特色。李安导演的电影《饮食男女》开场就是这样一幕：主厨先将鱼开膛破肚，将鱼切成片，之后沾上面粉，放到油锅里炸，切好肉、切好辣椒，将白萝卜片成片儿，连同五花肉一同放到冒气的蒸笼里蒸好；之后父亲从家养的鸡笼子里抓了一只上好的芦花鸡，将其去皮后放入闷罐中，在闷罐中倒入汤汁与冰糖；再将蒸饺的馅儿弄好，包入蒸饺皮内……

影片中的这些镜头，一口气表现出了中国菜的多种烹饪技法。即便是看似简单的"蒸"，其实也是中国菜的一大特色。早在商代时期，中国人率先掌握了用水蒸气将食物煮熟的方法，这就是"蒸"。蒸具与水保持距离，纵水沸滚，也不致触及食物，使食物的营养物质全部保持在食物内部，不致遭到破坏。从著名的商代妇好墓出土的三联甗就是这样一件大型青铜炊具。其下面煮水，上面置3只甑，既可以煮东西，又可以蒸东西。器身长104厘米，高44.5厘米，重113千克，代表了商代的最高炊具打造水平。而与之形成鲜明比较的是，即使到了今天，西方人也极少使用蒸法，像法国这样在美食上同样享有盛誉的国家，据说厨师连"蒸"的概念都没有。

而在另一部经典美食电影《金玉满堂》（又称《满汉全席》）里，徐克导演为观众奉上的不但有熊掌、鲍翅这样的高档食材，更有干炒牛河这样的普通家常菜。影片之所以将干炒牛河称为"厨师的两大克星"之一（另一种是咕咾肉），是因为：做这道菜对油很有讲究，多了会油腻，少了会粘锅；还有对火候的掌控也至关重要。这两点，恰恰是最具有中国特色的饮食技法——"炒"所必需的。

"炒"可以说是当今中国烹饪的主要手法。无论是平民日常佐餐下饭的用菜，还是国宴菜谱上的佳肴，大多是用炒或由炒变形的烹饪法烹制而成的。值得自豪的是，早在 1500 年前，中国人便已经掌握了炒菜的技术。南北朝时期的《齐民要术》里记载了 99 种菜式的做法，其中炒法应用的典型就有现在日常生活中最常见的炒鸡蛋，书中称为"炒鸡子法"，具体方法为："（鸡蛋）打破，著铜铛中；搅令黄白相杂。细擘葱白，下盐米、浑豉，麻油炒之，甚香美。"这与今天的炒鸡蛋显然没有什么区别了。唐宋之后，炒法在史籍上出现的频率日渐增多。北宋时期开始出现了许多以"炒"命名的菜肴，譬如《东京梦华录》里就有"炒兔""炒蟹""炒蛤蜊"等。

随着炒法的成熟，火候的概念也日渐成熟。"火候"的概念最早出于战国时期的《吕氏春秋·本味》。所谓"火为之纪"，就是火候是关键的意思。但先秦时期煮肉做羹，并没有什么火候问题，只需等待食物熟了即可。而烤、炙也只要控制大火，避免将食物烤焦。即使与炒相近的煎炸，因为油多，控制火候的难度也不大。唯独"炒"，锅底油少，依靠油与铁锅双重传热，加工的菜肴体积小，烹饪时间又短，故而把握火候就显得非常重要。唐代人段成式在《酉阳杂俎》就因此总结："物无不堪吃，唯在火候。"

可以说，炒自从发明之后，很快就为国人所接受，并发展成为独占鳌头、花样繁多的烹调方法。炒菜可荤可素，也可以荤素合炒，少量的肉配上较多的蔬菜就可制成一盘菜。它的发明使得普通老百姓有了日常佐餐的菜肴，实在是中国人对于世界烹饪的一个重要贡献。放眼全球，莫说西洋菜系里罕有炒法，即便是号称"以唐为师"的东瀛日本，其料理的烹饪方法中，也以清蒸、凉拌或水煮最为常见，餐桌上摆盘精致的菜品无一不新鲜清淡，却难寻炒菜的踪迹——唯独冲绳料理除外，那也是因为明代福建人移民于此。

风味的融合

有人根据日本菜肴的特点，将其称为"水料理"。但中国菜的口味却很难用只言片语就概括清楚。中国地域广阔，各地居民对于五味的追求也不一样。在古代就是如此。北宋人沈括在《梦溪笔谈》里提到，"大底南人嗜咸，北人嗜甘"。不过，沈括所说的"甘"，其实是个比较模糊的概念，既可以解释成甜，也可以理解成味道好。不到一个世纪后，朱彧在其《萍洲可谈》（成书于北宋宣和年间）中，对北宋末年四方饮食的差异的描述为："大率南食多盐，北食多酸，四夷及村落人食甘，中州及城市人食淡，五味中唯苦不可食。"

如此风味的多样性，连外国人也注意到了。20 世纪90 年代在中国热播的日本动画片《中华小当家》里就因此断言，中华料理处在"战国时代"，可以分为四个大宗，也就是北京菜、上海菜、四川菜、广东菜。假若把"北京菜"看作广义的"鲁菜"而将"上海菜"视为"淮扬菜"代表的话，倒是与鲁、川、粤、淮"四大菜系"的实际情况相去无几了。就日本漫画里的情况看，出现频率最高的中华料理是"麻婆豆腐""烤鸭"以及"饺子"这三道口味大相径庭的菜肴。但凡在吃饭的场景里出现中国料理必定是以上三种之一，比如《中华小当家》剧中对决比赛的第一道中国菜就是大名鼎鼎的"麻婆豆腐"。

各种迥然不同的口味，其实在历史上有过碰撞的过程。鲁迅先生曾经说过："譬如吃东西罢，某种是毒物不能吃，我们好像全惯了……第一个吃螃蟹的人是很可佩服的，不是勇士谁敢去吃它呢？"其实，中国南方很早就开始吃螃蟹了，中国最早的食蟹证据是江西万年仙人洞遗址和广西柳州大龙潭鲤鱼嘴新石器早期贝丘遗址中出土的螃蟹遗骸，距今已有七八千年。尽管如此，南方人嘴里的美食，在一些北方人眼里却是骇人听闻的重口味。沈括在《梦溪笔谈》里记载："秦州（今甘肃）人家收得一干蟹，土人怖其形状，以为怪物，每人家有病疟者，则借去挂门户上……不但人不识，鬼亦不识也。"美味的螃蟹反而沦落到了"人嫌鬼憎"的地步。

不过，随着南北交流的深入，人们的饮食观念发生了变化。螃蟹也逐渐为北方社会接受，甚至成为一种可以上贡皇帝的美食。李白曾经写道："摇扇对酒楼，持袂把蟹螯。"在这位"诗仙"看来，吮蟹肉饮美酒，绝对是快事一桩。唐代的笔记小说《酉阳杂俎》记载，当时，产蟹地的百姓不得不在塘里凿开冰层，用火把的光亮引来螃蟹，还要用狗肉的香味诱蟹，如此苦心孤诣，才能偶得一枚。"以毡密束于驿马，驰至于京"，与"一骑红尘妃子笑，无人知是荔枝来"的故事实在是异曲同工，只不过，相比之下，荔枝还算好采，冬蟹更为难得，其价格自然高到令人瞠目的地步。宋仁宗有一次在宫内设宴，饭菜点心是从10个宫门分别端进去的，可见宴会的丰盛和独有的皇家气派，其中一道菜是才面市的28只螃蟹，虽属蟹汛时节所购，可每只也要1000钱。仁宗皇帝为之感叹"一下箸为钱二十八千。吾不忍也"，愤而不食，倒也确实对得起庙号里的"仁"字。南宋时期的爱国诗人陆游同样偏爱食蟹："传方那解烹羊脚，破戒尤惭擘蟹脐""蟹黄旋擘馋涎堕，酒渌初倾老眼明"。按照陆放翁的自述，刚动手擘开肥蟹时，就馋得口水淌了下来，持螯把酒，竟至昏花的老眼也亮了起来！

到了北宋年间，梅尧臣在《贻妄怒》里干脆说，"饮食无远近"，不必拘泥食材、产地，而应以"味为上"。正是由于秉承着这种"味为上"的态度，五方佳肴终于汇成一体，最终造就了以植物性食材为主，主食是五谷，以蔬菜与肉食作为辅食的中华饮食，并使其傲然居于世界饮食文化之林。无怪乎100多年前的徐珂在《清稗类钞》里将世界饮食分成中国、日本与欧洲三类，日本菜肴"宜于目"，欧洲食品"宜于鼻"，唯独中国饮食才"宜于口"。他更可以自豪地写道，"吾国羹汤肴馔之精，为世界第一欤"。

1

传统的确立：餐桌里的大千世界

传统的奠基

中国人对于本国饮食素来引以为傲。对于口腹之欲的追求，在中国历史上可以说是由来已久。《尚书·洪范》所提出的治国"八政"里就把"食"放在了第一位。源远流长的中国饮食，早在文明的幼年时期就表现出了自己独具特色的传统。时下流行的穿越小说的主人公们，当真回到过去，语言交流恐怕就是一道过不去的坎——从古代诸多韵书反映的语言特征看，普通话使用者至多也只能了解明清时期的官话，再往前恐怕就听不太懂了。相反，对于穿越者而言，他们对于古代中国的饮食可能会适应得多。

中国向来被誉为"烹饪王国"。中国的传统烹饪技艺，同样有着几千年的悠久历史。早在夏商之前，随着陶器的发明，中华先民已经普及了煮食方法，煮的食物，比较熟烂，容易消化，避免了烧煳的损失，比起原始的烧烤，自然较为优越，更不用说茹毛饮血了。到了商代时期，中国人率先掌握了用水蒸气将食物煮熟的方法，这就是"蒸"。蒸具与水保持距离，纵水沸滚，也不致触及食物，使食物的营养物质全部保持在食物内部，不致遭到破坏，在当时"蒸"是一种先进的烹饪方式。譬如从著名的商代妇好墓出土的三联甗就是这样一件大型青铜炊具。其下面煮水，上面置3只甑，既可以煮东西，又可以蒸东西。器身长104厘米，高44.5厘米，重113千克，代表了商代的最高炊具打造水平。与之形成鲜明比较的是，即使到了今天，西方人也极少使用蒸法，像法国这样在美食上同样享有盛誉的国家，据说厨师连"蒸"的概念都没有。

作为中国人的饭局里必不可少的食具，筷子堪称中国饮食最显著的特色之一。"筷子"早先被称为"箸"。这是一个形声字，汉代许慎在《说文解字》里说："箸，从竹，者声。"说明箸最初就是用竹木制成的，因而形成箸字时，就缘其最初所用质材，故从竹，以象征其本质。《说文解字》上对于箸的解释只有一个，即"饭攲也"，说明箸是一种取食用具。传说箸是大禹发明的。大禹治水非常认真，忙得"三过家门而不入"。有一次为了赶路，锅里煮的食物已经做好，但一时凉不下来，无法用手取出拿过来吃，大禹情急之下，折断两根树枝夹取，终于及时食用，不曾耽误行程。由此，这种方法为他人所效仿，久而久之，使用方法也逐渐熟练，箸就这样被广泛地应用开了。

当然，大禹的传说不一定是事实，不过考古发现却可以证明，早在新石器时代中国人就已经发明了箸。20世纪90年代，在苏北高邮（属扬州市）新石器时代遗址的发掘中发现有骨箸。其时间为距今 6600~5500 年。出土骨箸系墓葬，有 42 件之多，其形为一端较平，一端圆尖，也有两端俱为圆尖，其形状不同，长 13.3~18.5 厘米。

到了安阳殷墟里，箸已经很普遍了。20 世纪 30 年代在河南安阳殷墟西北岗祭祀坑出土 6 件青铜箸头，长 25.9~26.1 厘米。另在商代晚期的一座墓葬中，也发现了青铜箸，现存亦仅为箸体的一部分，较短，是箸上部的铜结构部分，完整的箸还应有套接榫卯的竹或木杆。战国末期的《韩非子·喻志》说："昔者纣为象箸而箕子怖。"西汉的司马迁在《史记》也有"纣为象箸而箕子唏"的说法，而且进一步声称是纣王发明了象牙筷子（"纣始为象箸"）。这些说法正可与考古发现互为佐证，证明中国人使用筷子，实在是"自古以来"。

但有一点却是古今有异。箸并不是一出现就被用来吃"饭"的。《礼记》里对此有所记载："饭黍毋以箸""共饭不泽手"。说明当时的中原人跟现在的印度人差不多，用手抓饭吃。为此和别人共食器吃饭的时候就要特别注意手的洁净，不得揉搓手，"恐为人秽也"。此外《礼记》里还教导大家用手抓饭时手指要并拢以防米粒掉下，吃肉干时不能用牙撕咬等。那么先秦时代的箸是派什么用场的呢？《礼记》里倒是也有解释。"羹之有菜者用梜，其无菜者不用梜。""梜"，犹箸也。也就是说，当时的筷子是用来夹取汤中之菜的，而且要与勺子（匕、匙）分工。因为在羹汤里用箸捞菜方便，用餐匙则不方便，因为匙面较平，不容易夹起菜叶。当时的箸被限定在食羹的范围内。

不过当时与今天一样，也是相当注重对使用筷子的训练的。《礼记》有言："子能食食，教以右手。"这是说小孩从会吃饭时起，就要让他练习用右手来拿箸——这对中国历代的左撇子而言，不消说是个连绵2000多年的悲剧。

天子的"八珍"

夏商以降，中原的烹饪技术已经相当成熟，根据古籍记载，当时负责西周王室饮食的官员居然多达2300人，占整个周朝官员总数的58%。周代的各种典章据说是周公制定的。看起来，这位孔子心目中的大圣贤实是大吃货一枚。流传至今的《礼记·内则》里对"八珍"的记载就全面显示了当时烹调的技术和技巧。所谓"八珍"是周天子的专属食品，也就是淳熬、淳母、炮豚、炮牂、捣珍、渍、熬和肝膋。这八道菜体现了中原一带的食俗。它的原料基本上以家畜肉为主，鲜有猎获的野味。肉食的加工方法则以炮、烤、煎为主，最为引人注目的正在于此，其中并不见"炒"的踪迹。虽然"八珍"的名称比较费解，但翻译成白话文之后，今天的国人并不会对这八道菜肴感觉太过陌生。

"八珍"中的"淳熬""淳母"其实就是今天所说的"盖浇饭"。也就是把煎熟的肉酱浇沃在黍米饭和稻米饭上，当作主食。

下面两道"炮豚"与"炮牂"做法相差无几，共同点就是非常复杂。"豚"即是猪，"牂"就是羊。把猪（羊）杀死掏去内脏，用枣填满猪（羊）腹，再用芦苇将其缠裹起来，外涂带草的泥巴，放在火中烧烤。烤毕剥去泥巴，拂去猪（羊）体表的褶皱和灰土，再用稻米粉调成糊状，涂在猪（羊）身上，然后投入锅中煎炸，油须没过猪（羊）。需要指出的是，先秦时期常用动物脂肪，"凝者曰脂，释者曰膏"。"脂"指有角的家畜（如牛羊）的脂肪，常温下比较坚硬；"膏"，是无角家畜（如猪）的脂肪，较为稀软。"炮豚"与"炮牂"就是用这种脂膏作为油炸和油煎时的传热介质和调味剂。待到猪（羊）炸透之后，再将其取出放在小鼎中，鼎内放置香脯等调料，又把小鼎放在大汤锅中，还须留意水不要高于鼎口，以免水浸入小鼎。如此，三日三夜不断火，最后将小猪（羊）取出，切割后蘸酱吃。酱的调味作用在先秦时期极被重视，以至于孔子有"不得其酱不食"之语。不过，先秦时期的酱和后世的酱油并不是一个东西。"酱，谓醯、醢也"，其中的"醯"指的是醋，"醢"则是肉酱。《晏子春秋》有"湛之麋醢"的记载，"麋醢"即麋肉制成的酱。"醢"的做法，首先将各种肉料加工处理后改成丁末状，拌上上好的米饭、曲、盐，然后用优质酒腌渍，装进坛子中封存一百天后，经过发酵，"醢"就自然形成了。

以此可见，仅仅"炮豚"（"炮牂"）一道菜就共计采用了烤、炸、炖三种烹饪方法，而工序竟有十道左右。这两道菜即使在"八珍"之中，做法也最为复杂讲究，可以代表当时中原厨艺的最高水准。光是看烹饪过程已经让人馋涎欲滴，后世的烤乳猪可能就与其有渊源关系。

至于"捣珍"，是取牛、羊、鹿、獐等食草动物的里脊肉，反复捶打，去其肌腱，捣成肉末，用油煎着吃，堪称"棒子打出来的佳肴"。

"渍"（浸泡）则是把刚刚宰杀的新鲜软嫩的牛肉切成薄片，在酒中渍一个晚上，第二天早上蘸醋、梅浆、酱等作料生吃，尚保留了原始烹饪的淳朴风格。

剩下的"熬"其实就是烘制的肉脯，肝膋则是用狗肠油包裹狗肝，蘸水，然后火烤，至网油变焦而成。当时的犬类仍是"六畜"之一，亦是用来吃的。汉字"獻"（献）从犬鬳声，从字形看就是用陶器煮狗肉，用以食用。按照《礼记》的说法，狗在当时主要有三种用途，"一曰守犬，守御宅舍者也；二曰田犬，田猎所用也；三曰食犬，充君子庖厨庶羞用也"，也就是说，除了看家狩猎，狗也用来满足人们的饕餮之欲。《礼记·王制》记载有"诸侯无故不杀牛，大夫无故不杀羊，士无故不杀犬豕，庶人无故不食珍"，说明西周时期狗肉的地位相当之高，仅次于牛肉和羊肉，与猪肉的地位大致相同，其食用者基本上是贵族。

说起来，丰盛如斯的"八珍"只是周天子饮食中的一项而已。《周礼》里说，"凡王之馈……膳用六牲，饮用六清，羞（用谷物制成的甜品）用百二十品，珍用八物，酱用百有二十瓮"。这排场可以说是十分惊人了。与"八珍"齐名的还有"三羹""五齑"与"七菹"。所谓"三羹"指大羹、和羹、铏羹。大羹是不加作料的肉汁；和羹是用盐梅调味的肉汁；铏羹是用肉类加菫、薇等蔬菜及五味制成的鼎羹。"羹"在先秦饮食生活中的地位十分重要，这是因为炙以及烹、炮出的肉食，大多淡而无味，没有汤汁，非佐餐下饭的佳品，故一般人吃饭不能没有羹。"菹"就是经过切细腌制的蔬菜或鱼肉。"五齑"指昌本（蒲根）、脾析（牛百叶）、蜃（大蚌肉）、豚拍（猪肋）、深蒲（水中之蒲）。"菹"意思是腌制的蔬菜。"七菹"包括用韭、菁、苑、葵、芹、菭、笋制成的菹。

不一样的食谱

虽然美味佳肴不胜枚举，但享用起来倒也不是件容易的事。周代是个讲究"礼制"的社会，《礼记》里说，"夫礼之初，始诸饮食"。吃饭时候的规矩也有一大堆。光从《礼记》里的《少仪》《曲礼》的记载看，我们可知，包括各种饮食的放置位置，主客之间的进退揖让以及进食时的具体仪态，如在食饭、食肉、食羹、食醢、食果等各个方面都有一定之规。譬如《曲礼上》记载，"进食之礼，左殽右胾。食居人之左，羹居人之右，脍炙处外，醢酱处内，葱渫处末，酒浆处右"。这当然是跟当时分餐而食的情况有关，如果是像今天一样大家围着一个圆桌合食，就没法围绕一个人对饮食的摆放顺序做出如此具体的规定了。《史记·孟尝君列传》有个故事："孟尝君曾待客夜食，有一人蔽火光。客怒，以饭不等，辍食辞去。孟尝君起，自持其饭比之。客惭，自刭。"要是众人合食的话，所食饭菜一目了然，就不会发生这样的悲剧了。

《礼记》之外，孔子说得就更具体了。记录"大成至圣先师"日常言行的《论语》里满是孔夫子对于饮食的要求："斋必变食，居必迁坐"，说的是平日三顿饭一般早晨吃新鲜饭，中晚餐则是温剩饭，斋戒之日要变更常规，每顿都吃新鲜的；"食不厌精，脍不厌细"要求饭菜做得越精细越好；"色恶，不食；臭恶，不食"指的是烹饪不得法，菜肴颜色不正，气味不正，都不吃；"失饪，不食"的意思是火候过度，食物过烂，不吃；"不时，不食"就是说如果不是进餐时间，就不吃零食，免伤肠胃；"割不正，不食"则是要求切割得法，否则也不吃……后世的科举学子，就是一边必须字字不谬地背出孔圣人（大吃货）在《论语》里的关于享受美食的谆谆教诲，一边却要自带着简便的伙食在简陋狭小的贡院考棚里度过足以决定一生命运的三天时光（考试）。如此反差的确也是够强烈的。

但从另一方面来看，"周礼"的本质，又是人与人之间的地位不平等。这种地位的不平等反映在当时社会的方方面面，饮食也不例外。《国语》里就把这种宗法社会的等级森严说得清清楚楚："天子举以大牢（牛、羊、豕），祀以会；诸侯举以特牛，祀以太牢；卿举以少牢（羊、豕），祀以特牛；大夫举以特牲，祀以少牢；士食鱼炙，祀以特牲；庶人食菜，祀以鱼。"与周天子堪称豪华的"三羹""五齑""七菹""八珍"相比，就连诸侯的饮食也显得寒酸：平常之日为特牛、三俎（豕、鱼、腊）、二簋（黍、稷），并祭以肺。朔月则为少牢、五俎（豕、鱼、腊，加羊与其肠胃）、四簋（黍、稷、稻、粱）。忌日则稷食菜羹，不食肉食。"九鼎八簋"则是不同等级下食谱迥异的又一体现。

"九鼎"盛牛、羊、猪、鱼、腊、肠胃、肤、鲜鱼、鲜腊。"簋"（形似碗而大，有盖及双耳）盛饭食，簋的多少一般与列鼎相配合，九鼎配八簋即为天子之食，算是最高的规格。不过，"八簋"究竟盛哪几种饭食，并不十分清楚。按《礼记》说法，饭食在周代确有八种，分别为黍、稷、稻、粱、白黍、黄粱、稰（成熟而收获的谷物）、穛（未完全成熟的谷物），或许即为"八簋"所盛，并为周天子独享。

周天子以下，待遇依次降低。七鼎为卿大夫所用，盛牛、羊、猪、鱼、腊、肠胃、肤。五鼎盛羊、猪、鱼、腊、肤，为下大夫所用。到了士这个级别，特定场合只能用三鼎，盛猪、鱼、腊；寻常时候更只有一鼎能用，盛上一只小猪而已。至于先秦时期的平民百姓更是连肉也不怎么吃得上，被称为食蔬者。按照《诗经·豳风·七月》的说法，"六月食郁及薁，七月亨葵及菽。八月剥枣，十月获稻。为此春酒，以介眉寿。七月食瓜，八月断壶，九月叔苴。"可见，平民的日常食物正是郁、薁、葵、菽、枣、瓜、苴等瓜果蔬菜。如若不然，孟子何必绘制心目中"七十者可以食肉"的仁政蓝图；而大家耳熟能详的曹刿先生也不会专门把庙堂之上的"肉食者"拎出来批斗一番了。

即使是副食之外的主粮，贵族与百姓所食也有不同。中华文明自古以来在饮食上的一个重要特点，就是拥有"粒食"的传统，即将整粒谷物置于炊器中蒸煮后食用。粟（小米）就非常适合粒食，"膏粱（品质极好的小米）子弟"也成了富家子弟的代名词。反观平民百姓，只有在晋文公时代这种明君治下的所谓"盛世"中，才能吃上"脱粟之饭"。

如果统治者骄奢淫逸，铺张浪费，那么普通平民大概连粗粮都无法吃到了。

南北之别

同样值得一提的是，今日中华饮食版图中色彩斑斓的各大地方菜系，或许也可以从先秦时代的饮食上寻到几许端倪。《黄帝内经·素问》中就记载："东方之域，其民食鱼而嗜咸"；西方，"其民华食而脂肥"；北方，"其民乐野处而乳食"；南方，"其民嗜酸而食胕"；中原，"其民食杂而不劳"。

在此之中，因自然条件的不同，《礼记》就认为荆州、扬州"其谷宜稻"。粮食作物种植地理上呈现的"南稻北粟（与麦）"特点，形成了北方和南方不同的主食内容。这就是《史记·货殖列传》所说的"楚越之地，地广人稀，饭稻羹鱼"。也就是说，在主食方面，长江流域的稻食与黄河流域的粟食形成了明显的区别。将多种谷物相杂在一起煮饭，则是春秋战国时期楚人一种较为独特的饭食方法。《楚辞·招魂》中所说的"稻粢穱麦，挐黄粱些"就是指这种杂合饭。将稻、稷、麦掺杂，再加上一些有香味的黄米，做出的饭芳香可口。

而在肉食的制作方面，《楚辞》中记载的菜肴也与中州风味有了明显区别。《楚辞》中的《大招》与《招魂》

两篇在对肉食的处理上，显示出了极高的水准。楚人在烹饪上更喜用蒸、煮、煎这三种手法，例如"肥牛之腱，臑若芳些"，这一句就是讲烹制肥牛之腱，不仅仅要将其煮得烂熟，还必须加入杜若这种香草，这样烹制出来的牛肉才会有既嫩软又芳香的绝佳口感。不唯如此，在对不同禽类的处理上，楚人也给出了各自不同的烹饪手法。像"鹄酸臇凫，煎鸿鸧些"一句就讲：对于鹄（天鹅）要在煮的同时加一定的酸味料，主要是喝汤；而对于鸿（大雁）、鸧（鱼鹰）则要煎着吃，那样才美味。从饮馔风格看，《楚辞》里的食单似乎比周"八珍"更加奢华。《战国策》也支持这个说法，《战国策·楚策》里写道，"楚国之食贵于玉"。

楚人的口味也有自己的独到之处。酸、甘、苦、辛、咸五种基本味道，是中国饮食文化的特色所在。《礼记》里已经出现了"五味"的说法。郑玄为之作注："五味，酸、苦、辛、咸、甘也。"因为周代还不具备后世的蔗糖提取技术，所以往往直接以富糖的饮食调甘，也就是《礼记·内则》所说的"枣、栗、饴、蜜以甘之"。由于"甘"味主要来自麦芽糖浆，也就有了成语"甘之如饴"。

楚人尤好苦味、酸味。一方面，从传统医学上看，苦味可清热解毒，但楚人又特重"大苦"，也就是"苦味之甚者"，这就需要用特别苦的调料来调制了。比如"醢豚苦狗，脍苴莼只"，王逸注："苦，以胆和酱也。世所谓胆和者也。"这就是用动物胆汁来调制苦味了，"苦狗"的意思就是"用胆汁浸渍的狗肉"。另一方面，由于南方天气闷热，容易产生滞食，这就需要有酸味的食物来开胃了。当时的吴人也许善调酸。故而《招魂》中写到"和酸若苦，陈吴羹些"，也就是吴羹又酸又苦。《大招》中写到佐味泡菜"蒿蒌"，专门指出它是吴国式的酸菜，浓淡适宜，可见楚人对"吴酸"之嗜好。同样是因为南方夏季天气炎热，楚国王公贵族喜欢将酒冰镇后冻饮。《招魂》："挫糟冻饮，酎清凉些。"类似的记载还有《大招》："清馨冻饮，不歠役只。"其中的"冻饮"即凉饮。1978年湖北随县（今湖北随州）曾侯乙墓中就出土有一对冰鉴、盛饮料用的铜方壶以及舀取饮料的长柄提勺等，这一考古所得，即可证明楚国确有冰饮一事。

除此之外，与今天的各大菜系类似，先秦时期南北菜肴的食材选择有所不同。比如菜蔬和水果，南北食系也不一样，南方的一些水果，有不少都是北方人从未见过的。史书上还说，齐国名相晏婴出使楚国时，楚国为他举行了盛大的欢迎宴会，宴会上摆了些橘子。晏婴不知道这玩意儿如何吃，就连皮一起往嘴里送，从而引起楚王的讥笑，几乎酿成外交上的失仪事件。

至于鼋、鼍这些南方特有之物在中原地区更是十分难得的珍贵异味。《楚辞·招魂》里列出了一大堆山珍海味，其中就包括"胹鳖"（煮甲鱼）。公元前605年，郑灵公继位。为争取郑国，楚庄王率先派使者前往郑国祝贺，还专门为郑灵公送去一只硕大的甲鱼。郑灵公特地命令朝中最好的厨子烹调，要尝尝楚国的"异味"。正巧，这天郑国大臣子公与子家相约朝见郑灵公。二人走到郑灵公宫门前，子公的食指无故抽动起来，他将微微抽动的食指竖起来让子家看，并神秘地说："今天我的食指无故而动，必定有一顿美味等着我们。"这就是成语"食指大动"的来历。谁知当鳖肉烹调好后，郑灵公并不让子公食用鳖肉，只许他旁观。最后，子公禁不住诱惑，将食指伸进盛甲鱼的鼎中，蘸了点羹汤放进嘴里品尝，然后愤然离去。回家后的子公还是气恨不已，最后干脆一不做二不休，发动政变，杀了郑灵公。这真可以称得上是一只甲鱼引起的血案了。

到了战国后期，时人对于南北地域的特色食材已经有了比较系统的认知。《吕氏春秋·本味》声称："肉之美者：猩猩之唇，獾獾之炙……鱼之美者：洞庭之鱄，东海之鲕……果之美者：沙棠之实……"正是在这种各地物产流动性增大、人们的饮食内容极大丰富的背景下，中华文明迎来了"六王毕，四海一"的历史转折，从"分封列国"迈向了"大一统"的帝国时代。中国的饮食文化也就此翻开了新的一页。

◇ 菜 谱 · 蒸 甲 鱼 ◇

蒸甲鱼的历史可以追溯到春秋时期，也是成语"食指大动"的出处。

主料：活甲鱼、鸡脯肉、鸡腿

配料：葱、料酒、姜、盐、味精、胡椒粉各适量，猪骨汤

做法：将甲鱼宰好，放在碗内；鸡腿切成两截，在开水锅中余一下，放在甲鱼上，加作料和猪骨汤，蒸 2 小时，拣去葱、姜；将鸡脯肉砸成肉泥，以冷猪骨汤调成鸡泥汁；把甲鱼烧开，放入 1/3 的鸡泥汁，用筷子朝一方向搅动，烧开后除去浮油，捞出鸡肉渣和浮沫；把甲鱼放在漏勺内，在汤里涮一下，盛入大碗中；其余鸡泥按上法除肉渣和浮沫即成清汤；然后把清汤倒入盛甲鱼的碗内，加上味精即成。

提起"生鱼片"，首先浮现在人们脑海里的恐怕是"刺身"吧。如今的刺身与寿司一道，已经俨然成为当代日本料理的代表性食物，这几乎令人忘记了，生鱼片曾经也是中国的古人餐桌上的一道美味佳肴……

"脍"不厌细

生鱼片在古代中国属于"脍"的一种。所谓"脍"，按照汉代许慎的《说文解字》的解释，"细切肉也……从肉，会声"。有个成语叫"脍炙人口"，意思是说，生切肉与烤肉受很多人喜欢。这句话的原始出处是战国时期的《孟子》，而在稍早的《论语·乡党》也有句话叫"脍不厌细"，指的是生肉切得越细才越好吃。

其实，脍大概能算得上是中国最古老传统的食物之一。

初时之脍，应源自荒古之茹毛饮血。这种原始的生吞活剥过于粗陋，伤害腹胃，于是先民开始用简易的石刀、蚌片革除皮毛，剔去骨筋，割肉而食，最初的"脍"就出现了。《诗经·小雅·六月》记载，"饮御诸友，炰鳖脍鲤"，说的是周宣王五年（公元前823年），周宣王命尹占甫为帅驱逐外寇。待到凯旋之日，周宣王特意在宴会上用炰鳖（蒸煮甲鱼）和鲤鱼脍来犒赏将士。出土青铜器兮甲盘上的铭文也记载了这件事，同时这也是古籍中第一次出现"脍"的记载。关于《诗经》里的这段文字，孔颖达解释："天子之燕，不过有牢牲，鱼鳖非常膳，故云加之。"他的意思是说，住在关中或者洛阳的周天子平常饮食不过有猪肉、牛肉罢了，反而是鱼鳖之类，要"炰"要"脍"，偶尔尝到，鲜美异常。根据《礼记·内则》的说法，"凡脍，春用葱，秋用芥"，说明古人早就知道吃生鱼片先要用葱、芥末调味拌和了。

先秦时代的脍，以牛、羊、鱼、马等为主要食材，后世则较多以鱼制脍，因此又出现了单独表示鱼肉脍的"鲙"。成书于东汉时期的《吴越春秋》记载，"（伍）子胥归吴，吴王闻三师将至，治鱼为鲙。将到之日，过时不至，鱼臭。须臾子胥至，阖闾出鲙而食，不知其臭。王复重为之，其味如故。吴人作鲙者，自阖闾之造也"。从这段记载看，地处西北内陆地区的周人要比河网纵横的吴国人早几百年发明生鱼片的吃法，这点似乎也有些不可思议。

进入汉魏以后，食脍（下文也指鲙）之风日益盛行。东汉辛延年在《羽林郎》里说："就我求珍肴，金鱼鲙鲤鱼。"这说明当时的鲤鱼是最常用的制脍原料。制脍的一个重要要求是，肉要薄且纤细。这是因为有的肉比较鲜嫩，蒸煮烹饪以后就丧失了原味，比较适合生吃(特别是鲜鱼)。生食之肉，属于典型的好吃难消化，所以切得越细越好。曹植在《七启》中就说：生鱼片要切割得犹如"蝉翼之割，剖纤析微；累如叠縠，离若散雪，轻随风飞，刃不转切"。

北宋的范仲淹写过《江上渔者》："江上往来人，但爱鲈鱼美。君看一叶舟，出没风波里。"其实古人喜爱鲈鱼的原因无他，鲈鱼做的生鱼片好吃，乃是淡水鱼中的制脍珍品而已。曹操宴宾客时就慨叹道，"今日高会，所少吴松江鲈鱼耳"，深以吃不到江南出产的鲈鱼脍为憾。关于鲈鱼脍还有一个非常著名的典故。西晋时期在洛阳为官的苏州人张翰(字季鹰)"有清才，善属文，而纵任不拘，时人号为江东步兵"，他对当时吴士在洛阳朝廷不能得志而失望，对陆机、陆云(陆抗的儿子)无辜被杀而心寒，"见秋风起，因思吴中菰菜羹、鲈鱼脍，曰：'人生贵得适意尔，何能羁宦数千里以要名爵！'遂命驾便归"，显得潇洒至极。后世辛弃疾更是为之赋词曰，"休说鲈鱼堪脍，尽西风，季鹰归未"，流露出羡慕前辈、想辞官不做的心态。

唐人嗜脍

食脍之风在隋唐年间可以说是发展到了顶峰。李白就把吃鱼脍比喻为神仙般的生活，叫"吹箫舞彩凤，酌醴鲙神鱼。千金买一醉，取乐不求余"。而在北宋年间也曾流传杜庭睦的《明皇斫鲙图》。其画已不存，其故事也不可考；但以唐玄宗皇帝之尊，亲自斫鲙，其对食鲙风尚的推波助澜，不言而喻。唐代还出现了一种特殊的生鱼片吃法，食脍可以采用沸汤浇泡。这在鱼脍加工成形后，再烧热汤，汤内作料齐全，调味匀和，然后把滚热的调料汤浇泼在鱼脍之上，这倒是有些像如今的火锅吃法了。

隋唐时代的江南，有一种名为"金齑玉脍"的鲈鱼脍负有盛名。其做法是买鲈鱼治净，做成干的鱼肉丝；用作料浸腌好，再用布裹鱼肉沥干渍水；用芬芳、柔软的花和叶掺和在一起切成细丝，薄切的鱼肉片再用细缕金橙调拌，金橙丝色黄若金，鲈鱼片色白如玉。连奢侈无度吃遍天下美味的隋炀帝，吃了苏州进献的这种菜也禁不住赞叹说："金齑玉脍，东南佳味也！"制作这样的鲈鱼脍往往是在农历八九月开始降霜，正值鱼类准备过冬之时，故肉质肥美，此时的鲈鱼是制脍的理想材料。

到了唐代，因为唐朝皇帝姓李，而"鲤"与"李"同音，犯皇家尊姓，故而唐代曾有法律明文规定，不能称鲤鱼为鲤，要敬称"赤鲩公"，并严禁捕获，如误捕鲤鱼必放生。发现出售鲤鱼者，杖刑六十。但显而易见，这道命令是没法执行的。唐代丘为在诗里写道，"小僮能脍鲤，少妾事莲舟"；王维也有诗曰，"洛阳女儿对门居，才可容颜十五余。良人玉勒乘骢马，侍女金盘鲙鲤鱼"；至于白居易的诗里也有"女浣纱相伴，儿烹鲤一呼"这样的文字。证明唐代的皇帝并没有（也无法）真正禁止人们捕鲤，没有禁止人们吃鲤鱼脍，也没有谁因为吃鲤鱼而挨打的记载。

不过唐代也留下了"脍莫先于鲫，鳊、鲂、鲷、鲈次之"的记载，其中没有鲤鱼，显然是一种"政治正确"，而鲫鱼的美味在一些人眼中，似乎已经超过了鲈鱼。根据岑参《送李羽游江外》一诗的笺注，鲫鱼洗净，腹部开小口，去内脏，洗洁后把花椒和芫荽塞入鱼腹。鱼外表用盐和油擦透，再腌渍三天。还要用酒涂抹鱼的表面。再把鱼放入瓷瓶，用包石灰的绵纸封盖瓶口。一个月后鱼身变成红色，就可以切做鱼脍了。唐玄宗李隆基就最喜欢吃鲫鱼脍，还专门派官到洞庭湖取来鲫鱼放养到长安（今西安）景龙池中，备游宴时做鱼脍用。这位唐明皇甚至还把"鲫鱼并鲙手刀子"作为礼物，赐给了他的宠臣安禄山（当然事后看来，还不如把安大胖子做成一道人肉脍）。

古风何在？

宋元时期，生鱼片仍在餐桌上有一席之地。退休后住在苏州石湖上的南宋宰相范成大，其《四时田园杂兴六十首》之《秋日》第十一首云："细捣枨齑买鲙鱼，西风吹上四鳃鲈。雪松酥腻千丝缕，除却松江到处无。"而关汉卿也在《望江亭中秋切鲙旦》里写道："则这鱼鳞甲鲜，滋味别。这鱼不宜那水煮油煎，则是那薄批细切。" 没有说怎么炮制，下文只说买酒。看来仍旧是生吃。

如此食脍的习惯一直延续到明代。李时珍《本草纲目》记载有："剞切而成，故谓之脍，凡诸鱼之鲜活者，薄切洗净血腥，沃以蒜、韭、姜、葱、醋等五味食之。"但这已是谢幕前的绝唱。明代以后以"脍"为名之食目日稀，生鱼片急速退出了中国人的主流餐桌。

这大概有几方面的原因。一方面，明清以降，中国各大菜系的各种烹饪方法臻于成熟，逐渐淘汰了口味相对单一、做工又比较麻烦的"脍"。另一方面则是出于健康的考虑。根据中医的说法，热菜属温，有益于五脏六腑。食寒性食品，如冷饭冷茶，则会使肌肤内脏受寒，寒则易生疾病。此外，生食之脍，味虽鲜美，然鱼体所有寄生物亦容易移居人体内而致疾。早在三国时期，广陵太守陈登有病，诊断为"胃中有虫数升"，名医华佗说是由于"食腥物所为也"——所谓腥物，即是生肉。食华佗药，陈登"吐出三升许虫，赤头皆动，半身是生鱼脍也"。李时珍在《本草纲目》里更加明确地警告国人："肉未停冷，动性犹存。旋烹不熟，食犹害人。况鱼脍肉生，损人犹甚。为症瘕，为瘤疾，为奇病，不可不知。"如此不利健康，自然令人望而生畏，故而清代食脍者已然鲜见。譬如《清稗类钞》里记载的"鲈鱼脍羹"已经与早期的"脍"大相径庭："将鲈鱼蒸熟，去骨存肉，摘莼菜之嫩者煮汤，益以鲈肉，辅以笋屑，和以上好酱油，厥味之佳，不可言喻。"显然是一道完全的熟食了。

到了这一时期，"脍"只能残存于远离政治、文化中心的福建、广东一隅。《清稗类钞》就说，"闽、粤人尝师古人食谱所脍之遗法而为胜，以鸡、鸭、猪、鱼、螺、蚌之属，生切为丝，加胡椒、桂皮诸香料而食之。滇人亦然，且为常餐之品"。明朝的徐霞客在游历到广西地区时，就发现当地"乃取巨鱼细切为脍，置大碗中，以葱及姜丝与盐醋拌而食之，以为至味"。现代广西的汉族、壮族和侗族都延续了食用鱼生的习俗。《广西通志·民俗志》记载："生鱼片，壮、汉、苗、侗等民族的传统菜肴，先用三至五斤重的鲜活草鱼或鲤鱼，刮鱼鳞洗干净，除去内脏，取出骨头，将肉切成片，然后拌上糖、醋、酒、盐、姜、蒜、酱油、花生油等，略为腌制，即可食。其味道鲜嫩香甜。"《上林县志》也说："上林汉、壮群众遇贵客来临……视'鱼生'为上品佳肴。"今天的广东省佛山市一带，也尚有将草鱼等淡水鱼或海鱼做成鱼生，蘸着由葱、落花生、大蒜、辣椒、胡椒、酱油和醋做成的调味汁的食俗，成为古代食鲙之法的"活化石"。现代东北的满族和赫哲族的少数村落依然保持着吃生鱼片的习俗，中国及俄罗斯的黑龙江流域附近居住的某些部族，也还保留着吃生鱼片的传统。

当清末的中国人来到日本时，敏锐地注意到这片异域名为"刺身"的生鱼片正是古籍所说的"鲙"。黄遵宪指出："日本食品，鱼为最贵。尤善作鲙，红肌白理，薄如蝉翼。芥粉以外，具染而已。"而周作人更以一个日本通的权威口吻，在《怀东京》中说"刺身即广东的鱼生"。但在寻常中国人的观念里，生鱼片已经变成了日本料理的招牌菜，而"脍"这种从先秦延续到明代，存在了近3000年的国产美味却被淡忘了。

◇ 菜 谱 · 顺 德 鱼 生 ◇

鱼生是古时的脍，这是一道颇具古风的菜肴。

主料：青鱼一条

配料：黄瓜一根，洋葱半只，白萝卜适量，葱、姜、蒜、醋适量

做法：将新鲜的活鱼现杀后洗净，撕下鱼皮，吸干鱼身上的水分，用刀把鱼肉切成 0.5 毫米左右的薄片，再搭配调好的酱料，就可以开吃了。

丰盛的三餐

秦、汉两朝的几百年间，中国人的饮食生活出现了一个引人瞩目的变化：从先秦的一天吃两顿饭，过渡到了延续至今的"一日三餐"。早期中国人日出而作、日落而息，通常每日只吃两顿饭，谓为朝食（又称饔，时间为上午十时至十一时）与夕食（又称飧，时间在下午三时至五时）。《睡虎地秦墓竹简》有记载，当时的筑墙劳役人员每天早饭半斗，晚饭三分之一斗，明明白白的一日两餐。《左传·成公二年》有句话叫"余姑翦灭此而朝食"，意思就是早晨起来打完了这仗正好赶得上吃早饭。而《史记·吕太后本纪》也有记载，"日餔时，遂击产"。这就说明当时周勃等人诛灭诸吕，正是利用了餔时这个吃晚饭的时机，给诸吕以突然袭击，才击溃了吕产的禁卫军。

到了汉代，情况变得大不一样。汉文帝时淮南王刘长谋反，获罪徙蜀。虽说如此，毕竟还是姓刘的亲戚，文帝特意下令，刘长的生活待遇不变。每日可吃三顿饭，给肉五斤、酒二斗。就连小老百姓，也开始在每日两餐前的早上加上一顿"寒具"（小食品）填填肚子，也就是郑玄在注《周礼》时所说的，"清朝未食，先进寒具口实之笾"。久而久之，这寒具就变成了在天色微明之后所食的每天第一顿饭（早饭）。第二顿饭是午饭，一般是在正午时刻，所以，直到现在华北一带仍称午饭为"晌午饭"。而第三顿饭则为晚餐，又叫"晡食"。《说文解字》上说，"晡者，日加申时食也"。清人王筠在其《说文解字句读》中解释道："谓日加申之时而食谓之晡也。"而申时，大约是在下午三点至五点之间。

为什么会多出一顿饭来呢？从根本上说，还是因为经济发展，社会进步，人们一日有条件吃上三餐了。西汉时期的桓宽在《盐铁论·散不足》将汉代和先代的饮食活动做了对比。过去村里吃饭，老人不过两样好菜，少者连座席都没有，站着吃一酱一肉而已；即便是请客或者结婚大事，也只是"豆羹白饭，綦脍熟肉"。反观汉代民间动不动就大摆酒筵，"殽旅重叠，燔炙满案，臑鳖（炖熟的甲鱼）脍鲤（细切的鱼片）"。更不要说汉代以前非祭祀乡会而无酒肉，即便诸侯也不杀牛羊，士大夫不杀犬豕；而汉代没有什么庆典的时候往往也大量杀牲，或是聚食高堂，或是游食野外。

《盐铁论》的说法，倒也不算夸张。汉代人饮食之丰盛，比之过去，的确是不可同日而语。辞赋家枚乘写过一篇《七发》。为生病的楚太子设计了一桌酒宴，很是丰盛。主要菜品是：煮熟鲜嫩的小牛肉加上蒲笋，用肥狗烧羹，盖上一层石花菜，熊掌炖得烂烂的，调点勺约酱，兽脊切得薄薄的，在火上烤着吃；取鲜活的金鲤制鱼片，加点紫苏和香菜；白露时的菜心可做汤，绿油油的很爽口，把母豹刚下的胎儿，用香油美酒焖得通红；再上四海扬名的兰花酒，用些楚地香稻饭和雕胡珠米粥……就是用今天的目光来审视2000多年前的这一席面，这些美食依旧令人垂涎三尺。

从《盐铁论》里同样不难看出，在汉代的兴盛时期，随着家畜饲养业的显著发展，不仅富人，就是普通人民，一年之中也有较多食肉的时候。古时的所谓"六畜"（马、牛、羊、鸡、犬、豕），其实都可以成为汉代民众餐桌上的美味。传统的食脍之风也日益盛行。东汉辛延年在《羽林郎》里说，"就我求珍肴，金鱼鲙鲤鱼"。这说明当时的鲤鱼是最常用的制脍原料。制鲙的一个重要要求是，肉要薄且细纤。这是因为有的肉比较鲜嫩，蒸煮烹饪以后就丧失了原味，比较适合生吃（特别是鲜鱼）。生食之肉，属于典型的好吃难消化，所以切得越细越好。曹植在《七启》中说：生鱼片要切割得犹如"蝉翼之割，剖纤析微；累如叠縠，离若散雪，轻随风飞，刃不转切"。至于边远地区，还有一些与中原相异的肉食来源，譬如"楚越多异食，蛮荒之民，有以山虫为食者，尤喜食蜗（牛）"。岭南地区更是有食蛇之风，就像《淮南子》里总结的那样，"越人得髯蛇，以为上肴，中国得而弃之无用"。

在"六畜"之中，牛肉虽然贵为"大牢"之一，上古时期亦用于祭祀与食用。但自从春秋后期铁犁、牛耕出现后，牛成为重要的劳动工具，牛肉也随之逐渐淡出肉食行列。东汉时期的会稽郡（今浙江东南部）更是公开禁止杀牛，只有王公贵族和豪富之家才能吃得上牛肉。就像汉末三国时期的曹植在《箜篌引》里所说的那样："置酒高殿上，亲交从我游。中厨办丰膳，烹羊宰肥牛。"

牛肉之外，同在"大牢"之列的羊肉与猪肉在汉代餐桌上可以说是平分秋色。汉代既有"泽中千足彘"（250 只猪）的记载，亦有许多人家拥有"千足羊"（250 只羊）的说法，足见当时养猪与养羊难分伯仲。与此同时，羊肉则有胜过猪肉的趋势。两汉之际的更始帝刘玄就酷爱羊肉，厨师只要做得一手烂熟味美的羊肉，就可授以将侯之爵。长安百姓为此讽刺曰："灶下养（养，即今炊事员），中郎将；烂羊胃，骑都尉；烂羊头，关内侯。"到了东汉时期，越骑校尉马光，冬日腊祭一次就用"羊三百头"，"肉五千斤"（东汉时 1 斤大约相当于现在的 220 克）。若以每头羊出肉 20 斤算，则用羊肉 6000 斤，而"肉五千斤"中，不会全为猪肉，还应有牛肉等其他肉类，则羊肉用量已经超过猪肉。

另外值得一提的是，在秦汉时期，中国的食狗之风趋于极盛。众所周知，汉高祖刘邦的大将樊哙原本就是在徐州沛县"以屠狗为事"。职业狗屠的出现，说明社会上普遍养狗，只要有钱买肉，人们即可食狗肉，狗肉已经进入寻常民众的饮食生活。西汉时期的《淮南子》也多次将狗肉与猪肉相提并论。《盐铁论》里也说，"今富者祈名岳，望山川，椎牛击鼓，戏倡舞像。中者南居当路，水上云台，屠羊杀狗，鼓瑟吹笙。贫者鸡豕五芳，卫保散腊，倾盖社场"。这就意味着狗肉处于当时肉食的鄙视链的中段，不如富人吃的牛肉，却强过穷人吃的鸡肉和猪肉，是"中产阶级"青睐的对象。狗肉的食用方法，有切薄片，但更多的是煮，然后用刀切碎食用。在汉代有"鸡寒狗热"之说，意思是说：狗肉气味很重，只有热气腾腾时去吃，才感香味喷喷；热度消退，便不好吃了。

豆腐与酱油

与丰盛的肉食相比，汉代餐桌上另一个不太引人注目但却影响深远的变化是，豆腐的出现。

豆腐来自大豆。秦汉以前，人们把"大豆"称作"菽"，又称"戎菽""荏菽"。秦汉以后，逐渐用"豆"字代替"菽"，这些都是豆类的总称。古代人们所说的"大豆"在现今则被称为"黄豆"。豆腐的发明是中国对人类的重要贡献之一。宋代朱熹在咏豆的诗中注云："世传豆腐本为淮南王术。"淮南王指刘安。此人是汉高祖刘邦的孙子，也就是那个倒霉的刘长的儿子。他一生好广招方术之士。传说有一天，他与八位方士精研炼丹之术，闲暇时榨大豆取浆，入锅点卤，无意中创制成了豆腐。因刘安当年炼丹地在安徽淮南八公山，所以后人称豆腐为"八公山豆腐"；又因为刘安活着时一直攻击儒家为"俗世之学"，所以孔庙祭品历来不用豆腐。

这个传说应该不是凭空杜撰，《盐铁论》里也提到了"豆汤"，说它为当时人们所喜食。所谓"豆汤"，就是甜豆浆。能够制豆浆，那就离豆腐也不远了。1959—1960年，在河南密县（今新密市）打虎亭村发掘的公元2世纪左右东汉晚期的两座汉墓里，考古学家似乎据此找到了豆腐此时已生产的明证。其中一号墓的石壁上画有"庖厨图"：第一幅图上有一个大缸，缸后面站立两个人，这应该是体现了豆腐制作的泡豆的过程；第二幅图上有一个圆磨，磨后面有一个人，右手执勺子伸进大缸中，这应该体现的是从缸中舀出大豆放入磨中磨细的过程；第三幅图上有一大个缸，缸后面站着两个人双手拉着布在缸中过滤，缸中还漂浮着一个勺子，缸的左边站着一个人，似乎在指点着这两个人操作，这明显体现了做豆腐滤浆的过程；第四幅图是一个小缸，缸的后面有一个人手拿着棍子在缸中搅动，这体现了点浆的过程；第五幅图是带脚架的一个长方形箱子，箱子上有一块盖板，板上横压着一根长杠，杠的端顶上吊着一个砣形重物，箱子的左下边有水流出来注入地上的罐子里，这是做豆腐的镇压过程。整个打虎亭壁画中体现了做豆腐的"泡豆—磨豆—滤浆—点浆—镇压"这五个步骤。考虑到汉代人视死如生，墓葬中"厚资多藏，器用如生人"的特点，"庖厨图"反映的必然是墓主人生前的生活场景。换句话说，汉代中国人已经掌握了豆腐制作工艺这个说法，恐怕距离事实并不太远。

豆腐发明之初，大概没有受到上层社会的重视。这从《说文解字》中就可见一斑。这本书的作者许慎是东汉时期汝南郡召陵县人，即今河南省漯河市召陵区人，东汉时期的河南地区已经有豆腐生产的出现，而《说文解字》中没有提到"豆腐"，而对"腐"则注着"烂也，从肉府声"。"豆腐"顾名思义就是"腐烂的大豆"。作为一种"腐烂的东西"，豆腐产生之初自然是不被上层人们所接受的。最初这种食物的受众恐怕只有处于社会最底端的贫困农民。

但豆腐的优点其实是很明显的。豆腐出现以前，菽在人们心目中是粗粮，"半菽之饭"（在饭中掺一半大豆）是灾荒时无可奈何的选择，豆腐的出现为菽的食用开辟了新的广阔前景。后来人们逐渐意识到，豆腐极富营养，以至于有了"呼豆腐为小宰羊"的说法。现代的化学分析也证明，在100克的豆腐中，蛋白质的含量是9.2克，在100克的羊肉中，蛋白质的含量是10.7克。也就是说豆腐的蛋白质含量几乎可与羊肉相颉颃。加上它远比各种肉类要便宜，这就为无力购置肉食的贫困阶级提供了一个极为重要的蛋白质来源。这一点在封建社会后期中国人口攀上数亿高峰时尤为明显。不过，在人口最多不过6000万的汉代，豆腐的地位尚未如此举足轻重。

除了一开始显得籍籍无名的豆腐之外，西汉时期还出现了另一种新食品，豆豉（先秦时期的文献中未见有关豉的记载）。豆豉是一种咸味调味品。以黑大豆或黄大豆经蒸煮发酵后制成。它能调和五味，产生鲜美的味道，可使菜肴增鲜生香，叫人爱吃，叫人离不开它。东汉时期的《释名·释饮食》干脆说："豉，嗜也。五味调和，须之而成，乃可甘嗜也。"将令人喜吃不厌作为这个字的含义来加以解释，可见豆豉是一种多么受人欢迎的调味品。既如此，豆豉商人，便会买贱卖贵，囤积居奇，以取利。据记载，汉元帝至王莽之间的京师富商，七人之中就有两个是豆豉商人。卖豉的也能成为闻名天下的巨富，足见汉代豆豉食用的普及程度了。当时往往盐、豉并称，或许就是因为"盐"和"豉"都是当时人最常用的饮食调味品。

事实上，以豆类为原料的发酵产品在汉代迎来了一个爆发期。"酱"，在先秦时期指的是醋（醯）和肉酱（醢）。而西汉时期史游的《急就章》却有"芜荑盐豉醯酢酱"的记载，将"酱"与其他调味品并列。后来颜师古为之作注曰："酱，以豆合面而为之也。"可知这是一种豆酱，也就是用大豆和面粉等加盐发酵而制成的调味品。1972 年在湖南长沙东郊发掘的西汉时期的马王堆一号汉墓里更是发现了大量酱食品，出土的陶罐所盛之物确实就是大豆制品，出土的简文"酱"字，指的就是豆酱。东汉王充著《论衡·四讳篇》中记载："世讳作豆酱恶闻雷。一人不食，欲使人急作，不欲积家逾至春也。"这是我国现存史籍文献中最早、最明确出现"豆酱"文字的记载。由于酱经过了一段发酵期，故滋味较之单纯的盐更为厚重。东汉时已经有人指出："酱成于盐而咸于盐，夫物之变，有时而重。"

在此基础上，到了东汉时期，豆酱油也已经产生。东汉崔寔所著《四民月令》记载"至六七月之交，分以藏瓜。可以作鱼酱、肉酱、清酱。"这里的清酱就是酱油的古称，清代的《顺天府志》明确指出"清酱即酱油"，而"清酱"这一称呼现在还为华北及东北农村所沿用。酱油的发明，将在日后的岁月里对中国饮食的"味道"产生不可低估的影响。但同豆腐的境遇类似，酱油在汉代至多也只是处在崭露头角的阶段。

丝路的馈赠

汉代的餐桌上，不但有豆豉这样本土发明的食品，更增添了许多前所未见的陌生面孔。这当然要归于张骞"凿空"西域的创举。丝绸之路开通之后，西域各地所产的瓜果、蔬菜等陆续传入，丰富了中原人民的餐桌。

最先传入中土的农作物是葡萄和苜蓿。"葡萄"，为希腊文"batrus"之译音。在我国史书《史记》中写作"蒲陶"，《汉书》写作"蒲桃"，从《后汉书》起见到"蒲萄"，后来才逐渐使用"葡萄"这一名称。中国古代通称的葡萄属于欧洲葡萄，其原生地是黑海和地中海沿岸一带，最初传至埃及。5000~6000年以前，欧洲葡萄在埃及、叙利亚、伊拉克、伊朗、南高加索以及中亚细亚等地已开始栽培。

葡萄传入新疆后，由于塔里木盆地周边的气象条件与中、西亚相似，加之绿洲内水、土条件优越，因此得以迅速扩大栽植。中原引种葡萄则始于西汉时期。《史记·大宛列传》和《汉书·西域传》都有汉使从西域带回葡萄种的记载。由于葡萄不抗寒、不耐旱，在中原种植比较困难。葡萄酒还有香美醇浓的特点，也是当时的粮食酒比不上的。曹丕就说："葡萄酿以为酒，过之流涎咽唾，况亲饮之？"

言下之意，那葡萄美酒让人一闻便会流口水，何况亲口饮上一杯！因此，用葡萄所酿之酒也被视为"珍异之物"，只有皇帝及其心腹重臣才能享用。《太平御览》记载，东汉末年扶风有位名叫孟佗的人，不知从哪儿搞了一斛葡萄酒，献给了大太监张让。张让非常高兴，随后便赏给他一个凉州刺史的官。有人推算，当时的"一斛"约等于现在的20升或40来瓶。用40瓶葡萄酒便"换"得个封疆大吏的官职，足见当时葡萄酒的珍贵程度。

至于苜蓿，又名紫（花）苜蓿，系豆科多年生牧草，有"牧草之王"之称，产量高，草质优良，多种畜禽均喜食。原产于伊朗高原，希波战争期间从中亚传入希腊。汉代张骞通西域时，苜蓿开始传入中土。《史记·大宛列传》载：大宛"马嗜苜蓿。汉使取其实来，于是天子始种苜蓿、蒲陶肥饶地。及天马多，外国使来众，则离宫别观旁尽种蒲陶、苜蓿极望"。苜蓿引入中土最初仍是喂马的一种饲料，以后才渐有人采其嫩叶食用。苜蓿可生吃，又制成羹和干菜，且味道鲜美。

张骞出使西域，还带回来了石榴。石榴原产伊朗和阿富汗等国家，西晋的张华在《博物志》里说："汉张骞出使西域得涂林，安石国榴种以归，故名安石榴。"石榴被引入中原后，最先是在京城长安附近栽培。由于石榴树叶绿花红，分外漂亮，又花期长，挂果美，更重要的是石榴美滋美味，甜者可做水果食，酸者可做调味品，所以深受人们喜爱。好大喜功的汉武帝本来就打算在皇家园圃（上林苑）中栽种普天之下的花木，当然不会漏掉石榴。而且他还特意腾出一块地，种了大面积的石榴树。每年5月，那里是一片红霞织锦绣，朵朵榴花耀眼明；而到了仲秋之季，又变成榴果垂枝孕万籽，千树低头溢果香。武帝每去观赏，都心旷神怡，乐而忘返。上行下效，一些文武大臣也随之喜欢起石榴来，并各有赞辞。

由西域传入的还有仙人桃，又称王母桃、西王母桃。由于仙人桃味道鲜美，故而深受人们的喜爱，俗语云："王母甘桃，食之解劳。"除一般的生吃以外，桃也常被做成其他食物，如桃干、桃脯等。此外，《齐民要术》里还有记载："张骞使西域，得大蒜。"大蒜最早产于大宛、乌孙等西域诸国，是张骞出使西域时带回来的。因时人称北方少数民族为"胡"，所以它起初被中原人叫作"胡蒜"。当时的西汉也土生土长着一种蒜。胡蒜同它相比，样子差不多，只是个头大。于是，人们又将当地蒜叫作"小蒜"，将胡蒜称为"大蒜"。

实际上，以"胡"命名的作物远不止"胡蒜"一种。"胡桃"（核桃）原产于今天的伊朗、小亚细亚一带，《博物志》里也说，"张骞使西域还，得胡桃种，故以胡羌为名"。原产于喜马拉雅山南麓的"胡瓜"（黄瓜）也在汉代传入了中国，《本草纲目》对此的记载是，"张骞使西域始得种，故名胡瓜"。"胡麻"（芝麻）的故乡更远在非洲，北宋的沈括在《梦溪笔谈》里指出："中国之麻今谓之'大麻'是也。有实为苴麻，无实为枲，又曰麻牡"，"张骞始自大宛得油麻之种，亦谓之'麻'，故以'胡麻'别之，谓汉麻为'大麻'也"。

这些"胡"名作物，因产于胡地而又形似中原有作物而得名。当然，如此众多作物的引进不太可能是张骞一个人的功劳。很可能是后世的学者，根据传闻加在张骞头上的。关于这一点，美国学者劳费尔在《中国伊朗编》中提出："外国植物的输入从公元前第二世纪下半叶开始，两种最早来到汉土的异国植物是伊朗的苜蓿和葡萄树。其后接踵而来的有其他伊朗和亚洲中部的植物……现在学术界竟有这样一个散布很广的传说，说大半的植物在汉朝都已经适应中国的水土而成长了，而且把这事都归功于一个人，此人就是张骞。我的一个目的就是要打破这神话。其实张骞只携带两种植物回中国——苜蓿和葡萄树。在他那时代的史书里并未提及他带回有任何其他植物。只是后代不可靠的作者（大半是道家者流）认为其他伊朗植物之输入都要归功于他。日子久了，他成为传说故事的中心人物，几乎任何来自亚洲中部来历不明的植物都混列在他的名下，因此，他终于被推崇为伟大的植物输入者。"当然，无论是谁将异域作物引入中国，他都是为丰富国人的餐桌做了一件大好事。古代中国人的饮食生活，就是这样不断变换出新花样，将外来饮食文化融入我们自己的传统之中。

◇ 菜 谱 · 家 常 豆 腐 ◇

豆腐的出现，是中国饮食的一大创造发明。

主料：老豆腐、五花肉

配料：料酒、生抽、白糖、盐、姜、葱等

做法：将老豆腐洗净，切片；将五花肉洗净，切片；将葱、姜切末；老豆腐
　　　入锅煎制，坐锅入油烧热，放生抽、料酒，放入肉片煸炒出油。

乱世中的美食

从汉献帝永汉元年（189 年）董卓之乱开始，秦汉两代的大一统局面宣告瓦解。除了西晋初年的短暂统一，直到隋开皇九年（589 年）南朝陈灭亡，战乱与分裂成为这 400 年间的主题。就在这样漫长的乱世中，中华饮食却如凤凰涅槃一般，攀上了一个新的台阶……

炒菜的诞生

著名的美国历史学家勒芬·斯塔夫里阿诺斯在经典著作《全球通史》里论述中华文明的连续性时曾经提到，"一个生活在公元前 1 世纪汉代的中国人，若在公元 8 世纪初复活他一定会感到非常舒适、自在"。但实际情况并不完全如此，一个在唐代复活的汉代人一定会惊讶地发现，唐代的菜肴是以一种自己闻所未闻的手法制作而成的——这就是在南北朝时期成形的"炒"。

作为菜肴加工方法的"炒",是在锅中放入少量的油，用来做中介，在锅底加热后，把切成碎块的肉类、菜蔬等倒入锅中，根据需要陆续加入各种调料，不断地翻搅至熟。说起来可能有些令人意外，就连"炒"这个汉字在东汉时期成书的《说文解字》里还根本没有出现。"炒菜"在中国历史上姗姗来迟的因素大约有二，正是其中必不可少的"锅"与"油"。

先来说锅。

其实作为炊具，锅的历史跟汉字差不多同样久远。最早的锅其实就是三条腿的"鼎"，在汉唐时期没了腿的"鼎"又改叫"镬"，晚近又改称为"锅"（"锅"一开始是"车钏"的意思），在今天的汉语方言用词里还可以看出它的演变，偏处东南一隅的闽南语最为存古滞后，所以还在用"鼎"（虽然早就没有三条腿了），两翼的吴、粤方言次之，尚在用中古的"镬"，其他的大半个中国就都在用"锅"了。

不管名字叫什么，今天五湖四海的"锅"大多数都是铁制的。铁锅的周边呈平滑曲面，使火焰或热气能均匀地沿整个容器迅速平稳而均匀地辐射热量。这一点其实非常重要。从传热学角度而言，根据《实用供热空调设计手册（第二版）》（陆耀庆著）的说法，铸铁的导热系数大概是 50W/（m·K），传热性能相当好。

可是，先秦的中国人却无福享用铁锅。大约在公元前1500 年，中东的"肥沃新月地带"就掌握了制铁技术，到了公元前 1200 年，这种新的冶金技术已在整个地中海东部地区普及。而铁器在中国却实在是姗姗来迟，直到战国时期中原才有了铁器的踪迹，比中东居然晚了 800 多年。

这就迫使三代以降的中国人只能一直沿用古老的陶锅。所谓"陶器"来自黏土，其导热系数只有大约 1 W/（m·K），由于传热太慢而只能用来"煮"或"蒸"，无法"炒"菜。当然商周贵族们使用的青铜器同样是热的良导体，青铜的导热系数为 64W/（m·K），甚至比铸铁还高，所以有论者认为周代"八珍"中的"煎"已经很接近后世的"炒"，但价值高昂的青铜鼎毕竟不是普罗大众能够消费得起的，直到汉代，随着冶铁工艺的成熟与普及，铁锅才开始进入寻常百姓家。

再来说"油"。炒菜特别是炒那些脂肪含量低的菜一般都需有油脂作为传热介质并增进其口味。但先秦时人们所吃的主要是动物脂肪。人们在烹饪时用此类脂膏作为油炸和油煎时的传热介质和调味剂。这就碰到了与"铁锅"同样的问题，中土向来是"人民众多，禽兽不足"，肉食是稀缺之物，更不用说动物脂肪这种上层贵族才能享用的奢侈品了。

那么植物油呢？尽管我国油料作物的种植历史可以追溯到秦汉以前，但当时潜在的油料作物如菽，在当时主要被作为粮食作物食用，而苴、油菜则是被作为蔬菜食用的。植物油的最初加工利用应该是在东汉末年、三国、西晋时期。最初，人们只用植物油点灯照明，甚至用作引火之物。

譬如《晋书·王睿传》就记载了西晋初年，王睿率水军攻吴时曾用植物油烧毁长江铁索的事情。很快，人们又发现了植物油所具有的香气和可食性，随之将其用于烹调。植物油的使用不仅扩大了油料来源，还可烹饪出风味独特的菜肴，液态植物油为以后烹调技艺的发展开辟了无限广阔的天地。

植物油脂进入普通百姓的家常食谱是以油料种植区域的扩大和油脂制取技术的普及为前提的。公元6世纪时主要的食用植物油就是芝麻油、荏子油、大麻子油这三种。成书于北魏末年的《齐民要术》称"荏油色绿可爱，其气香美；煮饼亚胡麻油，而胜麻子脂膏。麻子脂膏，并有腥气"。即认为芝麻油的食用品质要比荏子油和大麻子油好。

到了南北朝时期，"铁锅"与"植物油"的普及，终于为中国烹饪的代表技法——炒法奠定了基础。《齐民要术》里记载了99种菜式的做法，其中炒法应用的典型有现在日常生活中司空见惯的炒鸡蛋，书中称为"炒鸡子法"。而"鸭煎法"虽然名字里没有"炒"字，其实做法与今天的炒法也几无二致："用新成子鸭极肥者，其大如雉。去头，烂治，却腥翠、五藏，又净洗，细挫如笼肉。细切葱白，下盐、豉汁，炒令极熟。下椒、姜末食之。"这段话的意思就是，选用野鸡大小的肥鸭子，去掉头，用热水烫褪洗净毛羽，去掉尾腺和五脏，剁碎，使成肉馅状。细切葱花，加盐和豆豉汁，将肉翻炒至极熟，再加入花椒粉、姜末，然后食用。虽然不曾名言加油，但鸭子极肥，入锅必会有许多鸭油生成，鸭肉被炒熟，实际也是以鸭油为传热中介。

"炒"自从发明之后，很快成为中国菜的烹饪主流。可以说，正是1500年前出现的"炒"奠定了往后中国菜肴的最大特色与独特性。

羊肉的盛世

除了影响深远的炒法之外，魏晋南北朝时期还流行起了一种新的烹饪方式——"炮"。根据《说文解字》的解释："炮，毛炙肉也。"其实早在先秦时期就已经出现这种烹饪方式的雏形。古人通常用干净的泥糊将畜肉包裹均匀，然后放入火堆中焖烤。这样炮制出的肉不仅不会有焦煳之味，反而最大限度地保留了肉食的鲜美，并且通常鲜嫩多汁，就像今天的叫花鸡一样。《齐民要术》里就记载了一道"炮羊肉"：将刚满一年的羔羊肉切成薄片，加入豆豉、盐、葱白、姜、椒、胡椒等调味品后装进洗净的羊肚内，缝好，挖一个烧火坑，将之烧热，掏出火灰，把准备好的羊肚放进坑内，然后盖上火灰，再继续烧火，过一会儿就香味扑鼻了。在当时人看来，其味道之美，非煮、炙可以媲美。

这种"炮羊肉"还有一个名称，叫作"胡炮肉"。除此之外，魏晋时期另有一种"羌煮"。这道菜是将新鲜的鹿头煮熟后清洗，切作如两指大小的肉块；同时也把猪肉切碎，二者一起做臛；再加上葱白、姜、橘皮、椒、苦酒和盐、豉等调味品。这便是"羌煮"的做法。这样看来，羌煮定当是美味之食，因此才会"吉享嘉会，皆以为先"。

无论是"胡炮肉"抑或"羌煮",从它们的名称就可以看出并非中土固有之物。实际情况也是如此,魏晋南北朝正是一个诸多北方游牧少数民族(匈奴、鲜卑、羯、氐、羌)大量内迁中原的时期。中原的饮食格局也随之一变。其间最为明显的特点就是羊肉的地位急剧上升,以至于南北朝时期的《洛阳伽蓝记》声称,"羊者是陆产之最"。

　　这是由于东汉末年的黄巾军起义以后,中原的社会面貌发生了巨大的变化。由于旷日持久的战争动荡,人口急剧下降,"白骨露于野,千里无鸡鸣",导致由今洛阳向东到今郑州一带,成为森林密布、野兽出没无常之处。特别是西晋之后,北方游牧民族入居中原,同时带来了他们以畜牧为主业的生产习惯,复兴了早在战国以后就被排挤到长城以北的畜牧业。马、牛、羊尤其是羊和游牧民族有着不可分割的联系,甚至很多民族的名称本身就源于羊,如"羌,西戎牧羊人也"。这就促使在马、牛、驴等役畜之外,单纯草食的羊迅速成为这一地区肉畜的主要种类。当时,养羊业迅速发展,到了北魏时期,已达到"牛羊驼马,色别为群,谷量而已",表明包括羊在内的牲畜,已多至难计头数而只能以山谷度量的地步。《齐民要术》描述养羊技术也很详细,其篇幅超过养猪、鸡、鹅、鸭等篇之和。

　　如此一来,"羊市"纷纷出现,羊肉供应量居六畜之首,羊肉也就成为当时最主要的肉食品种,筵席上也常常能看到。《世说新语》记载,东晋权臣桓温早年担任荆州刺史时,襄阳人罗友是他的从事。这天,桓温为车骑将军王洽饯行,没有请罗友。酒宴刚开,罗友自己进帐来了,说有事禀报,桓温也就让他入席作陪。罗友吃了个酒足饭饱，起身告辞。桓温想起来，问他有什么事禀报。他的回答竟然是："听说白羊（吴地产的一种羊）肉鲜美，未曾吃过，就来了，哪有别的事？现在我酒足饭饱，无须再留下来了。"说完扬长而去，毫无愧色。也就是说，罗友想吃桓温筵席上的一道风味名菜白羊肉，于是找了个借口，不请自来，吃了就走。这听上去简直是个笑话，却也折射出时人崇尚羊肉的风潮。顺便再提一句，至今苏州的"藏书羊肉"，依旧誉满江南。

相比之下，养猪业却显得逊色不少。此时养猪多采用圈养与牧养相结合的方式。"八、九、十月，放而不饲。所有糟糠，则畜带穷冬春初。"即猪在八、九、十月时放养，穷冬春初之时再饲养。饲养需要大量的粮食，这就使养猪业以小规模为主，在民间再也看不到汉代"泽中千足彘"或大群养猪的情况。但猪能为农民制造肥料，养猪可以利用农副产品，因此小规模的家庭养猪业作为农民一项重要的副业，仍保持着兴旺的势头。于是猪肉还是在人们的餐桌上占据一席之地。《齐民要术》就记载了一种"猪肉鲊法"。其原料是"猪糁、白盐、茱萸子"。将肉去毛去骨洗净，切成条，煮三次，晾干后带皮切块，用猪糁、茱萸子、白盐调和，封于瓮中，放太阳下，一月便熟，吃起来自然别有一番风味。

更加奇怪的是，中原的食狗传统也在两晋南北朝时期戛然而止。《齐民要术》可以看作这一时期中原农牧业生产经验的总结，书中记载了大量肉类菜肴的烹饪、制作方法，但用狗肉为原料制作的菜肴仅有一例，实在少得可怜——要知道光是当年马王堆汉墓出土的竹简就记载了三种狗肉食品。到了唐人颜师古解释《汉书》记载的樊哙"以屠狗为事"这句话的时候，居然特意注明"（汉）时人食狗亦与羊豕同，故哙专屠以卖"。这就说明以屠狗为业，经过魏晋南北朝之后已经非常少见，所以才需要专门加以解释。于是乎，狗肉再也不曾恢复到秦汉时期比猪肉略胜一筹的地位，虽然它在中原大地依旧留下了若干残迹，譬如贵州的"花江狗肉"与徐州的"沛县狗肉"。

南稻与北麦

同样值得一提的是，魏晋南北朝的四百年乱世，呈现出了南北饮食各自的独特魅力。在当时，后世所谓"南稻北麦"的局面已经大体形成，也就是时人所说的，"今水田虽晚，方事菽麦，菽麦二种，益是北土所宜，彼人便之，不减粳稻"。

这一时期，北方食麦者日渐增多。这一时间，面食的发酵技术更加成熟。《齐民要术》中记载的发酵方法为："面一石。白米七八升，作粥，以白酒六七升酵中，著火上。酒鱼眼沸，绞去滓，以和面。面起可作。"这是一种酒酵发酵法，十分符合现代科学原理。由于掌握了发酵技术，这一时期面食的种类也日益丰富，其品种主要有白饼、面片、包子、髓饼、煎饼、膏饼、饺子、馄饨、馒头等，但多以饼称之。这些饼类尤为士人所喜爱。其中的汤饼就与今天的面片汤相似，做时要用一只手托着和好的面，另一只手往锅里撕片。由于片撕得薄，"弱如春绵，白若秋练"，煮开时"气勃郁以扬布，香飞散而远遍"。魏明帝曹叡就曾以此汤饼试探何晏的真面目。何晏是曹操的养子，少年时就以才秀知名，又是三国时代的大帅哥，皮肤白净，魏明帝疑其擦粉，六月伏天请他吃汤饼，吃得何晏大汗淋漓，拿一条面巾擦汗，脸色洁白，明帝方知何晏并没有擦粉。时人束皙还作《汤赋》："玄冬猛寒，清晨之会，涕冻鼻中，霜成口外。充虚解战，汤饼为最。"由此可见，汤饼是魏晋时代人们十分喜爱的食品。

与此同时，南方则以大米为主食。汉代的江南已经广泛种植水稻。江陵凤凰山汉墓简牍中记有粢米、白稻米、粳米等各种稻米的名称。南人食稻者居多，稻米的吃法也是多种多样，其中煮米饭自然最为常见。《世说新语》里有个故事，吴人陈遗非常孝顺，他母亲喜欢吃煮饭烧焦的锅巴，于是陈遗随身带着一个皮囊，收集煮饭后的锅巴，带回家给母亲吃。有一次遇到乱兵，陈遗来不及回家就被裹挟军中，战乱之中"逃走山泽"。人"皆多饥死"，唯独陈遗因为已经"聚敛得数斗焦饭"，得以幸存。可见煮米饭烧焦的锅巴，以其味香为人喜爱，还可当作干粮充饥。

当然，需要说明的是，"南稻北麦"也不绝对。一方面，南方也有小麦一席之地。小麦的南下，大体是与中原民众的南迁同步的。自汉晋以来，中原每逢战乱，就有大批人口南迁。北方客民从好食出发，南方土著从经济利益着眼（"农获其利，倍于种稻"），竞相种麦。另一方面，北人也不尽食麦。水稻其实在北方也早有种植了。甲骨文中就发现了"稻"字，说明在距今3000多年前的殷商时期今天的河南一带种有水稻。到了后来的《战国策》里，更是出现了著名的"东周欲为稻，西周不下水"的故事，可见洛阳周边地区有着非常悠久的种稻历史。西周的政治中心在"八水绕长安"的关中地区，这里同样不乏与水稻有关的文字记载，如《诗经·小雅·白华》所说，"滤池北流，浸彼稻田"。

黄河流域的季风气候区，季风来的时候雨量充足，但季风不来的时候却很干旱，土壤水分蒸发很快，却把盐卤留在土壤中，年复一年，农田就出现盐碱化，肥力大大降低，最后无法耕种。一个补救措施是休耕，种一季就休耕一段时间，待土地肥力恢复后再种一季。但这就意味着放弃了一段时间的粮食产量，对于古代中国的小自耕农来说，生活中一段时间没有收成，几乎不可想象。好在相对于粟、麦等旱地作物，水稻是比较耐盐的，盐碱地不能种旱地作物，但可以种植水稻。兴修水利引水灌溉又可以冲洗土壤，降低土壤中盐分的含量，实在是一举两得。于是自从战国时期，史起为邺令，引漳水溉田，达到"终古泻卤生稻粱"的效果之后，此后各代基本延续了引水灌溉种稻的办法。比如东汉张堪任渔阳太守期间，"乃于狐奴开稻田八千余顷"，这个"狐奴"就远在今北京顺义区北部了。

有趣的是，水稻北上之后进一步沿着丝绸之路向西北传播，恰与西来的小麦相向而行。新疆深居欧亚大陆腹地，气候干旱少雨，但环绕天山、昆仑山的绿洲水资源比较丰富，为水稻种植提供了可能。南北朝时期多部正史中都说西域出产水稻，如《魏书》就说疏勒（今属喀什地区）"土多稻"。换句话说，南北饮食习惯的相汇交融，在这个乱世里也在悄无声息地进行着。

盛宴与素斋

饮食技术的革新，南北饮食的碰撞极大地丰富了魏晋南北朝时期的餐桌，也助长了饮食上的奢靡之风。

譬如西晋时期的太傅何曾每天的伙食费多达一万钱，他还经常抱怨没有下筷子的地方。他的有些讲究看起来实在有些莫名其妙，比如吃蒸饼时没有裂开十字纹的不吃。但他也有讲究的资本。许多人都把馒头的发明权授予了三国时期的蜀汉丞相诸葛亮。传说孔明先生南征孟获时，用面粉和成面泥，捏成人头的模样儿蒸熟，来当作祭品以代替真正的人头去祭祀河神。至于"馒头"一词，在晋代的确也出现了。束皙在《饼赋》中就写有"三春之初，阴阳交际……于时享宴，则曼（即馒）头宜设"这样的句子。据说，开花馒头就是美食家何曾发明的。何曾家制作的馒头松软可口，易于消化。原因是先将生面发酵，尔后再蒸。而发酵在当时还属于一门新兴技术，一般人家都不知道。由于何曾家馔精致，吃得很合胃口，所以他每次被司马炎召见时，都不吃皇家准备的御食，司马炎为了笼络他，也只好允许他自带食物。

在品尝美食方面，那位嘲笑过陆机的王济也不甘人后。他娶了晋武帝司马炎的女儿常山公主，所以皇帝常驾临其家。王济设宴侍奉，用的全是琉璃器皿。婢女100多人，都穿着绫罗绸缎。最奇怪的是，王家端出的蒸小猪异常肥嫩鲜美，不同寻常，问了王济才得知，此猪居然是用人乳喂养的，味道怎能不特别呢？这样的菜连宫廷中恐怕也不会有，武帝觉得超过了自己，因此愤懑离去。

美食吃得多了，嘴巴自然会刁起来。东晋时期的苻朗就是这样一个例子。此人是前秦国主苻坚的侄子，曾任镇东将军、青州刺史，后来降了晋，当了个员外散骑侍郎。有一次，会稽王司马道子请他吃饭，宴会上"极江左精肴"。酒足饭饱以后，司马道子也问他："关中之食孰若此？"他回答说："皆好，惟盐味小生耳。""盐味小生"是指所用的盐提炼不足，盐味小有变化，这么微小的变化，苻朗居然也能感觉出来。不但如此，他甚至连吃的鸡是露天生长还是笼养、鹅的黑羽毛和白羽毛下面的肉质和味道的差异都能辨别出来，实在是令人瞠目结舌。

当然，如此食不厌精，也只有在太平时节才有可能。西晋既然出了一个"何不食肉糜"的白痴皇帝，这天下如何能够太平？"八王之乱"与"五胡乱华"接踵而至，弄得晋室只能仓皇南渡，"寄人国土"。到了这时候，想讲究饮食也办不到了，东晋政权草创之时，府库空虚，生活十分艰苦。好不容易弄到一只猪，就是最好吃的东西了。

当时人以为猪头颈上的那一圈肉最为鲜美，手下人不敢享用，还要留给皇帝（晋元帝司马睿）吃，于是此肉就号称"禁脔"。

有趣的是，在崇尚享受奢华美食的魏晋南北朝，最终也诞生了一股"清流"。这就是中国饮食大家族中的奇葩——素食。

众所周知，素食与汉传佛教有关。不过，在早期的印度原始佛教里，出家人大都托钵乞食，世人供养什么就吃什么，是"种种鱼"还是"种种肉"都无所谓。当时对僧人并没有禁酒肉的要求。中土佛教起初也是如此，直到南北朝时期情况才发生了改变。梁武帝痛斥出家人饮酒吃肉的做法，所谓"入道即以戒律为本，居俗则以礼义为先"，在梁武帝看来，出家人饮酒食肉是不守戒律、不修善业的做法，有违佛教戒杀慈悲本义。因此，他在公元511年的《断酒肉文》里第一次提出，不但禁止僧尼食肉，甚至还要将有可能影响到清净心的所谓"小五荤"或"五辛"也禁食。梁武帝本人也同样以身作则，常年素食，禁食鱼肉，厉行节俭，史书上说他"日止一食，膳无鲜腴，惟豆羹粝食而已"。这位高寿86岁（464—549年）的皇帝甚至在《净业赋序》里将自己40多年不生病不吃药的原因归于坚持吃素食。

由于皇帝带头提倡，素菜在佛寺中得到了迅速发展，其制作也日益精美。《梁书·贺深传》载，当时建业寺中有位僧厨，做素菜的本领特别高。他能"变一瓜为数十种，食一菜为数十味"，被时人誉为"天厨"。食素也从那时起就成为汉传佛教最明显的特征，所以，在国内谈及食素必定会让人联想到吃斋念佛。当时佛教的素食制作考究，花色品种很多，可以"变一瓜为数十种，食一菜为数十味"。

　　南北朝时期的素食，并不局限在寺庙之中。《齐民要术》就专门设有《素食篇》，记载了11道素食。原料食材很多，有冬瓜、紫菜、白米、韭菜、芹菜、茄子、薤瓜、地鸡（一种菌类）等。对烹饪技术也有很高的要求，如葱韭羹要"下油水中煮葱、韭——五分切，沸俱下。与胡芹、盐、豉、研米糁——粒大如粟米"。在造型摆盘上也有说明，如膏煎紫菜，"以燥菜下油中煎之，可食则止。擘奠如脯"。意即把熟紫菜撕开后，像脯一样铺在盘中。在这11种素食中还有一个比较有特色的菜，叫作"酥托饭"，是一种用白米和酥油等原料烹调而成的饭。其做法为："托二斗，水一石。熬白米三升，令黄黑，合托三沸，绢漉取汁，澄清；以酥一升投中。无酥与油二升。"这种饭，味道非常香浓。从中不难看出，当时素食菜肴的色、香、味都已经发展得相当成熟，延续至今的素食风味在1500年前便已经初现端倪了。

◇ 菜 谱 · 炒 鸡 蛋 ◇

"炒"法的出现，彻底改变了中国饮食的面貌。

主料：鸡蛋

配料：葱、蒜、盐、料酒、食用油

做法：将葱择洗干净，切成细末，放碗内；将鸡蛋打入碗内，与葱、盐搅打
均匀；炒锅置旺火上，加食用油烧至六成热，倒入蛋液翻炒至熟，装
入平盘即可。

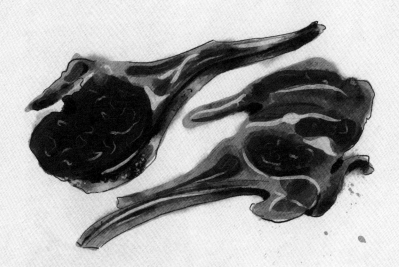

丝路的回响：盛世饮食的蝶变

原产西亚，后来居上：小麦如何成为中国人的主食？

面食王国面面观

乳制品如何进入国人的食谱？

声名远扬的「北京烤鸭」与「胡食」有何关系？

令人食指大动的「涮羊肉」，究竟源自何方？

小麦是当今世界播种面积最大、分布最广的粮食作物，而中国则是生产小麦最多的国家，仅 2016 年的产量就超过了 1.2 亿吨。只不过，或许很少会有人想到，这种如今在中国人的餐桌上占有无可取代的重要地位的作物，其起源地竟会在万里之外的中东"肥沃新月地带"……

小米为王的时代

假如真的有"穿越者"回到 3000 年前的中原的话，他一定会对当时的一些食物感到亲切。比如今天北方常见的小米，就是殷商人的主食之一。

实际上，小麦与小米，都曾出现在古代的"五谷"之中。所谓"五谷"，其实有好几种说法。其中，东汉年间的郑玄在注释《周礼·夏官·职方氏》的"谷宜五种"一句时列出了"黍、稷、菽、麦、稻"这五种。不过，同样是这位大儒，又在同一本书的《天官·疾医》篇里，把"以五味、五谷、五药养其病"一句中的"五谷"解释成了"五谷，麻、黍、稷、麦、豆也"。无论"五谷"究竟包含哪几样，"麦""麻""稻"和"菽"（豆）的含义都比较清楚，只有"黍""稷"两种的音、义都令现代人感到生僻，偏偏这两者是早期中原先民最重要的食物——在殷墟出土的甲骨文字中，"黍"字出现的次数最多，有100多处，其次就是出现40多处的"稷"字。而汉代的许慎在《说文解字》还特别说明，"稷"是"五谷之长"，这就显得更加奇怪了。"黍""稷"究竟是何方神圣呢？《尚书》中的"黍稷非馨，明德惟馨"已成历代传诵的名句。当下的通说认为，"黍"去皮后就是黄米，而"稷"去皮后则称为小米。此外，"稷"还有个更通俗一点的别称，就是"粟"。西汉郭舍人在《尔雅》的注中就明确说明："稷，粟也。"秦汉之后，大抵"稷"为庙堂用语，"粟"则是社会用语，两者有了雅俗的分别。

　　无论是"黍"还是"稷／粟"，它们很可能都是土生土长的中国作物。粟是由狗尾草（莠）直接转化而来的，野生的狗尾草幼苗与粟很难区分，"良莠不齐"的典故即是由此而来。在内蒙古赤峰市兴隆沟遗址——该遗址有8000年左右的历史——已发现有少量粟的遗存，其后在中国北方各地史前遗址更是大量发现栽培粟的谷粒，譬如周原王家嘴遗址龙山时代遗存中出土粟5826粒，黍160粒，粟占绝对多数。足见在新石器时期小米已成为中国北方最主要的粮食作物。至于黍的种植也同样早在新石器时代就已经遍及黄河流域，在陕西、山西、山东等地的新石器时代遗址中都有黍的遗存，这意味着黄米在中国的栽培同样至少也有七八千年的历史了。

小米与黄米何以会在百草中率先脱颖而出，受到中原先民的青睐呢？最重要的原因是它们同属旱地杂粮，耐旱、耐瘠、对灌溉并无严格要求，又比较耐盐碱，非常适合中国北方旱地种植。在当时耕作技术落后，耕作方式粗放，缺乏施肥灌溉知识，土壤未得到很好改良，在田里杂草丛生的情况下，小米与黄米成了最容易栽培的作物，也成了靠天吃饭的中原先民的主要粮食。

相比之下，小麦虽然也在"五谷"榜上有名，在甲骨文中发现有"麦""来"等字的卜辞，《诗经》中更有"贻我来（小麦）牟（大麦），帝命率育"的记载，将小麦说成是老天赐给人间的礼物，但在中华文明的幼年时期，小麦的地位是无法与粟、黍相比的。考古发现就证实了这一点，位于河南省登封市的王城岗遗址面积达50万平方米，包含有自龙山文化晚期至春秋时期的基本上连续的文化堆积。在当地出土的龙山文化晚期农作物中，粟达1442粒，黍也有124粒，而小麦是0粒。即使在春秋时期出土的农作物遗存中，小麦（65粒）仍旧不及粟（434粒）的1/6。

横跨大陆的传播

如此悬殊差距是什么原因造成的呢？这就要从小麦的起源讲起。

尽管还有一些不同意见，但如今的主流看法认为，小麦起源于西亚地区的"肥沃新月地带"。这个地带大体包括现今的以色列、巴勒斯坦、黎巴嫩、约旦、叙利亚、伊拉克东北部和土耳其东南部。这块《圣经》称为"流淌着奶和蜜"的土地，见证了人类最初农业的诞生。在土耳其东南部的卡拉卡山（Karacadag），科学考察确认至今还有68种野生植物继续生长于这个山区。小麦也最有可能是在卡拉卡山区被培育出来的，时间大约在距今10000年。

自从在"肥沃新月地带"被人类培育出来之后，小麦不断向周邻地区传播。在西方的地中海世界，至公元前200年，小麦已成为亚平宁半岛的重要粮食作物。公元前2世纪罗马人加图所著《农业志》中就明确提到一种"斯卑尔脱小麦"，这应该是文献中关于小麦种的最早记载之一。

在东方，只要我们打开亚洲地图，就可以看到，从"肥沃新月地带"通过欧亚草原，是小麦向中国传播的最便捷路线，特别是考虑到高寒广袤的青藏高原的地理阻隔作用，欧亚草原似乎成了小麦向中国传播的"高速公路"。但考古发现显示，早在距今7000年前后，小麦已经传播到了中亚地区的西南部，例如位于土库曼斯坦境内的科佩特山脉（Kopet-Dag Range）北麓，成为阿姆河—锡尔河河谷地带早期农耕生产的主要农作物品种。但之后的传播速度却变得缓慢了许多，迟至数千年后才继续向东进入了东亚大陆。

这是因为作为"外来户"的小麦遇到了"水土不服"的问题。小麦起源的"肥沃新月地带"属于地中海式气候，其特点是温度与湿度不同步，即冬季温和多雨，夏季炎热干燥。在漫长的自然进化以及人类的驯化过程中，小麦也适应了这种气候特征。虽然小麦属于旱地作物，不适应潮湿的环境；但其同时又具有喜水的特点，其生长周期的总需水量为 400~600 毫米，比粟高出近 1 倍。不巧的是，东亚大陆是最典型的季风气候，温湿同步（与地中海气候正好相反），全年降水的 75% 集中在夏季，春季则降水稀少、干旱多发。这种气候的差别对小麦的生长产生了很大的影响。小麦是夏收作物，冬播夏收：春季是生长时期，最需要水，但东亚地区的春季普遍缺少雨水，例如中国北方广大区域有"春雨贵如油"的民谣；至于夏季频繁的降雨又影响了小麦的成熟和收获。因此，如果缺乏人工灌溉设施的话，东亚地区实际上是不适合小麦的种植和生长的。

然而历史事实证明，小麦终究还是顽强地继续向东传播而去。目前中亚东部草原地区最早的小麦出土于哈萨克斯坦东部，距今 4600 年。邻近河西走廊的新疆境内也发现了大量的麦类遗存，其中南疆的新塔拉遗址、小河墓地和古墓沟墓地的小麦直接测年结果为距今 3800~3600 年。一俟小麦抵达新疆地区，接下来大概出现了两条传播路线。

其一，由于欧亚草原各个早期青铜文化之间的密切接触，小麦迅速由西向东传播，通过萨彦岭—阿尔泰山—天山地区到达蒙古高原地区，进而通过多条南北向的河谷通道向南传播到了黄河中下游地区，例如滦河河谷、桑干河—永定河河谷、河套两端的黄河河谷等。其二，则是径直穿越河西走廊，进入中国古代文明的核心区域，即中原地区——这一条道路，就是日后著名的"丝绸之路"。

相对而言，黄河的下游降水较多、温度适宜，较中国北方其他地区更适于小麦的生长。正是出于这个原因，考古发现和文献记载均表明，早期小麦在华北东部的分布范围明显多于西部，且集中位于山东、河南、冀南、皖北等黄河下游及邻近地区。而在《左传》《孟子》《吕氏春秋》等先秦文献中，也都有反映小麦秋种夏收农事安排的记载。

虽然抗旱能力明显弱于粟、黍等耐旱作物，但小麦其实是一种具有很多优点的作物，它的单位产量和成粮率均高于粟。譬如，关中地区在 20 世纪初期的小麦平均亩产为 180~200 斤，而粟的平均亩产只有 100~120 斤，这就意味着小麦的土地利用率比粟高出近 1 倍。小麦在中原地区种植业中长期被边缘化的尴尬处境，可能是另一个重要因素的结果——这就是"口感"。

中华文明在饮食上的一个重要特点，就是拥有"粒食"的传统，即将整粒谷物置于炊器中蒸煮后食用。粟就非常适合粒食，"膏粱子弟"也成了富家子弟的代名词。偏偏小麦由于种皮坚硬，不适于粒食。其籽粒的表面包覆有一层种皮，很难直接与籽实分离，无论是整粒食用，抑或是将其舂捣成较小的碎屑，都必须连同种皮一起蒸煮。用此方法加工出的麦饭，难以与脱壳后的小米饭相比。在当时的人看来，小麦既栽培要求高，同时又难以下咽，故而在很长一段时间内小麦都被视为下等人食用的"恶食"，问津者寡。

从"粒食"到"粉食"

实际上，小麦在中国餐桌上的翻身，要归功于一系列的科技革新。直到春秋时期，中华民族还在使用杵臼对小麦籽粒进行加工。这样无法完全将小麦籽粒碾磨成面粉，也无法彻底解决小麦种皮难以炊煮的问题，麦饭也就难以摆脱"粗粝"的名声。

战国、秦汉时期专门用于磨粉的工具——转磨出现，终于可以将谷物由初始的碎屑状态进一步加工成为较精细的粉末状态（所谓"尘飞雪白"），由此标志着面粉加工技术的成熟。这种转磨主要为石质，由上下两扇扁圆形磨盘组成。下扇磨盘朝上一面的中央立有一固定的短轴，通常为铁制；上扇磨盘朝下一面的中央凿有一圆卯，用于套合下扇之上的铁轴；上扇磨盘在铁轴附近钻有一到两个贯通的磨眼，并在一侧凿出榫孔用于安装木柄；在两扇磨盘的结合面上，以铁轴为中心凿有密集的放射状磨齿，磨齿之间相互咬合形成的空间称为"磨膛"。显而易见，如果没有冶铁业和冶铁技术的相应发展和配套，这样的转磨是不可能制成的，它之所以在战国时期才被发明出来，与此也直接有关。因为从世界范围内看，中国掌握冶铁术并不算早。大约在公元前1500年，"肥沃新月地带"已经掌握了制铁技术，大约在一个世纪之后，亚美尼亚人首先学会了将熟铁放入炭火中加热，然后淬火，再加热、锤打，经过轮番加工处理，使铁质变得十分坚硬。在进行上述加工处理的过程中，由于偶然在铁的表面溶进了碳微粒，因而制成了最初的钢。到了公元前1200年，这种新的冶炼技术已在整个地中海东部地区得到了广泛普及。而铁器在中国却实在是姗姗来迟，直到战国时期中原才有了铁器的踪迹，比中东居然晚了800多年。

面粉的出现改变了小麦的命运。粒食的小麦口感不佳，而一旦磨成面粉，富含蛋白的小麦却摇身一变，比小米更容易烹调成美味。东汉时期，已经出现了各种名目繁多的面食，刘熙在《释名·释饮食》中就论及七种饼："胡饼……蒸饼、汤饼、蝎饼、髓饼、金饼、索饼之属，皆随形而名之也。"有名的昏君汉灵帝就嗜好西域传入的"胡饼"，上行下效，形成了"京师贵戚皆竞食胡饼"的局面。在此背景下，小麦的食用方式逐渐由"粒食"转向"粉食"，对中国古代饮食传统造成了深刻的变化。

然而，受技术水平所限，直到东汉时期，石转磨的动力主要为人力或畜力，此类加工方式的效率较低，尚无法快速而大量地生产面粉。随着面食的社会需求逐渐增加，人们开始对面粉加工工具进行改进，以使其更为高效，在这种背景下，出现了将转磨与水轮结合、利用水流冲力带动其旋转的水磨。这种传动式机械的发明，解决了生产中动力不足的问题，是我国古代技术史上的一次重大突破。不过，中国北方的环境决定了水力是一种珍稀资源，所以水磨往往架设在主要的灌渠、运河等水利设施上，成为影响灌溉和航行的障碍。正因为这样，在两汉魏晋时期，能拥有大型磨坊的非富即贵，譬如西晋时期"斗富"的主角石崇就拥有"水碓三十余区"。到了唐代，水磨已经成为日常生产中较为常见的工具之一，具有一定社会地位的权贵和富商普遍拥有私人磨坊。《旧唐书》记载，玄宗时期，姚崇、李林甫等官员的私人庄园中均置有水磨，尤其在大宦官高力士的田庄内，"并转五轮，日硙麦三百斛"。

随着石磨技术的逐步改进和普及，面粉逐步进入寻常百姓的餐桌。小麦逐渐被社会认可，更多人愿意付出精力种植这种粮食作物，大规模的水利建设也解决了小麦在干旱的华北春天需要水分的问题，小麦在黄河流域得到了广泛的栽培。从唐朝政府的赋税政策上也能看出小麦地位的上升。唐初实行均田制和租庸调制，规定凡授田之民，"每丁岁入租粟二石"，仍将粟作为国家税赋的主要征收物。到了唐代中叶的780年，唐廷正式废除租庸调制，开始实行两税法。此法按夏秋两季征税，"征夏税无过六月，秋税无过十月"，其中六月所征的夏税明确将小麦列为征收对象，意味着"粟麦并重"的局面已然形成。

再往后，粟在北方旱地作物系统中的重要性继续下降。在北宋时期，面食在民间普及，《东京梦华录》已记载有花样繁多的面食，这自然代表此时的小麦业已成为中国华北主要的粮食作物。到了明清时期，以麦作为中心的两年三熟制种植方式开始形成并获得大面积推广，小麦在黄河流域的粮食构成中终于取代了粟的统治地位——明代的宋应星在《天工开物·乃粒》里这样写道："四海之内，燕、秦、晋、豫、齐鲁诸道，烝民粒食，小麦居半，而黍、稷、稻、粱仅居半。"

◇ 菜 谱 · 小 米 粥 ◇

小米曾是先秦时期中原人民的主食。

主料：小米

做法：水快开时再下米，先大火熬 8~10 分钟，然后中小火熬 15~20 分钟。

中国北方有句俗话，叫作"好吃不过饺子"。追根溯源，"好吃"的当然不是那层面粉做的饺子皮，而是包裹其中的馅料。三鲜馅、鸡肉冬笋馅、鱼肉韭黄馅、猪肉香菜馅……正是各式各样的馅料，使得以饺子为代表的中国面食散发出如此夺目的光彩……

从馒头到包子

饺子虽然有名，论起"资历"，比馒头倒也差得远。最早的馒头出现于何时，是个迄今尚未有定论的问题。许多人都把馒头的发明权授予三国时期的蜀汉丞相诸葛亮——这位民间观念中智慧的化身。所谓"昔诸葛武侯之征孟获也，人曰：'蛮地多邪术，须祷于神，假阴兵以助之。然蛮俗必杀人，以其首祭之，神则飨之，为出兵也。'武侯不从，因杂用羊豕肉，而包之以面，象人头以祀，神亦享焉，而为出兵。后人由此为馒头"。从这个记载看，诸葛亮南征孟获时，用面粉和成面泥，捏成人头的模样儿蒸熟，当作祭品来代替真正的人头去祭祀河神。

但这个说法其实颇为可疑。关于诸葛亮发明馒头最早的记载见于北宋开封人高承所撰《事物纪原》卷九中的《酒醴饮食·馒头》。此时距离诸葛孔明"五月渡泸，深入不毛"的时间已经过去了800年，而其间魏晋南北朝的古籍中竟未见到关于诸葛亮创制馒头的任何记载，此事若是后人附会，倒也不无可能。

至于"馒头"一词，在三国之后的晋代的确也出现了。西晋束皙《饼赋》中有"三春之初，阴阳交际……于时享宴，则曼头宜设"的说法。东晋的卢湛《祭法》中亦有"春祠用曼头"之句。"曼头"后来加食字旁，即成了"馒头"。说明在春初阴阳交泰之时，举行宴会祭祀要陈设馒头。因春为四季之始，所以也有祈求一年吉祥之意。作为一种祭祀食品，古代的馒头内包有馅，并且馅的主要组成是肉，这显然是普通老百姓日常生活所不能负担的，这暗示着馒头在最初时期并不是一种平常百姓日常消费的一般性食品。

这种有馅的"馒头"按今天的说法，倒是应该叫作"包子"。今天新疆一些少数民族的饮食里，也有一种有馅的面食，维吾尔语与乌孜别克语叫"manta"，柯尔克孜语叫"mantu"，哈萨克语则叫"manti"。这些大同小异的叫法显然都是汉语借词，来自古代的"馒头"一词。至于"包子"这个名称，则始于宋代。王栐在《燕翼诒谋录》里就提到，"值仁宗皇帝诞生之日，真宗皇帝喜甚，宰臣以下称贺，宫中出包子以赐臣下"，他在专门在注脚里写了一句"包子，即馒头别名"。

在一段时间里，"馒头"与"包子"是混用的。北宋陶谷的《清异录》就谈到当时的食肆（食品店）中已有卖"绿荷包子"的。孟元老《东京梦华录·饮食果子》亦称汴京（今河南开封）有"更外卖软羊诸色包子"的记载。吴自牧《梦粱录·荤素从食店》亦说南宋的临安（今浙江杭州）有"且如蒸作面行卖四色馒头、细馅大包子……杂色煎花馒头……糖肉馒头、羊肉馒头、太学馒头、笋肉馒头、鱼肉馒头、蟹肉馒头……假肉馒头、笋丝馒头、裹蒸馒头、菠菜果子馒头、辣馅糖馅馒头"的记载。可见，当时这种食品已非常普及了。其中的"太学馒头"是宋代太学中供太学生吃的伙食，应该非常好吃，所以连皇帝都说好。宋神宗在元丰初年（1078年）视察太学时曾品尝过这种馒头，并说："以此养士，可无愧矣！"究其原因，这种太学馒头的做法是，将猪肉切丝，拌入花椒面等作料做馅，再用发面做皮，上笼蒸熟，故而味道"芳馨"，令人"流涎"。而北宋名相王安石则非常喜欢吃羊肉馒头。陈文蔚在《克斋集》卷七里写道："介甫（指王安石）……喜食羊馒头，家人供至，或正值看文字，信手撮入口，不暇用箸，过食亦不觉，至于生患。"这位大诗人、大政治家竟也有着吃货的一面。

南北包子

到了元代，馒头（包子）的制作方法基本上与现代相同了。当时人们已经知道用碱和盐解决面团发酵产酸的问题。从清代开始，对带馅与不带馅的馒头在称呼上有了区分，清初吴敬梓的《儒林外史》就有"厨下捧出汤点来，一大盘实心馒头，一盘油煎的杠子火烧"的说法，此处实心馒头即无馅。清末的《清稗类钞·饮食类》则记载："馒头，一曰馒首，屑面发酵，蒸熟隆起成圆形者。无馅，食时必以肴佐之。""南方之所谓馒头者，亦屑面发酵蒸熟，隆起成圆形，然实为包子。"这些材料表明，清代"馒头"的概念出现了分化：北方谓无馅者为馒头，有馅者为包子；而南方（主要是吴方言地区）则沿用旧时的说法，有馅、无馅的统称馒头。比如上海话里，以馅料的不同，有"菜馒头""肉馒头"等说法，至于没有馅的则叫作"淡馒头"。

虽然传统上有"南稻北麦"的说法，但实际上包子已经成为一种跨地域的美食。小笼包就是一个突出的例子。今天的河南开封有一种"小笼灌汤包"，是著名风味面点。它的原名就叫"灌汤包子"，俗称"汤包"。起先是用大笼蒸制，20世纪30年代时，由第一楼店主黄继善改用小笼蒸制，每笼15个，就笼上桌，故名小笼包子。其特点是皮薄馅大，满汤满油，提起似灯笼，放下像朵白菊花，别具风味。

大概早在北、南宋之交，这种灌汤包子的做法已经传到了南方。在《武林旧事》卷六《蒸作从食》中有载，作为南迁北人聚集的南宋首都，当时临安城中的包子酒店就专卖灌浆馒头。乾道五年（1169年），楼钥出使金国时，曾在金兵占领的开封吃过这种灌浆馒头。由此可以看出，这是一种南传的北食。

　　到了如今，各种灌汤包更是已然成为江南各地的特色小吃。"蟹黄汤包"是镇江传统名点，俗称"蟹包"，成名至今已经超过百年。它是以猪肉糜、螃蟹油（黄）和鲜皮冻为馅，精面粉为皮，加工制成，选料精细，制作讲究，质优形佳，脍炙人口。具有体积小，外形美，放在笼子里像座钟，夹在筷子上像灯笼，以及皮薄、汤多、馅足、味道鲜等特点。与镇江一江之隔的扬州，传统上也将"早上皮包水（汤包），晚上水包皮（指泡脚）"作为人生两大享受。"小笼馒头"则是无锡的特产，原名叫鲜肉馒头，用大笼蒸制，清同治二年（1863年）开设在无锡北门外游山船浜的拱北楼面馆做得最好。底厚皮薄，透过白色的皮子甚至可以看到馅心的颜色，并且拿放不脱底、不露馅，顶部捏有十六七个折叠纹，外形美观。馅心采用鲜猪腿肉，另外用鲜肉皮煮烂剁碎，加入调料烧成皮冻，然后再将皮冻与鲜肉末拌和，味香汁鲜，名满江南。

　　还有一种"小笼馒头"的知名度可能更高一些，这就是上海的"南翔小笼馒头"。开笼时，只只馒头鼓胀饱满，逗人喜爱。入口卤汁四溢，满口生津，滋味鲜美，与姜丝、米醋等作料同食，美味无穷。传说，嘉定南翔古漪园乃江南文人墨客聚会之处，诗人们作赋之余，难免饥肠辘辘，于是小贩们便兜售农人常吃的大肉包子，可销路甚差。在同治十年（1871年）左右，一个叫黄明贤的小吃店老板灵机一动，将包子由大改小，重馅薄皮，竟大受欢迎，于是他的日华轩糕团店从此声名远扬，南翔小笼馒头也从此诞生了。到了光绪二十六年（1900年），原本黄明贤店里的学徒吴翔升，拉了点心师傅赵秋荣前往上海县城另起门户，在今天城隍庙豫园的九曲桥畔开了家长兴楼点心店。新店在原有的制作基础上将南翔小笼馒头发扬光大，加入了固体肉皮冻，使其在蒸煮时能巧妙地融化于皮馅中，南翔小笼馒头也从此由"干包子"演化成"汤包"，这才有了"轻轻提、慢慢移、先开窗、后吃汤"的十二字南翔小笼馒头吃货秘诀。

早在20世纪二三十年代，南翔小笼馒头已深受沪上大众欢迎，人称上海城隍庙著名的"三头"之一，与"蜡烛头"与"五香豆（头）"齐名。据说，张爱玲在与友人闲聊时，就曾夸南翔小笼馒头不仅好吃，而且形状雅致，乃"灵秀之物"。而1986年英国伊丽莎白二世女王访问上海时游玩于城隍庙，就在南翔小笼馒头店厨房外被师傅们包小笼的飞快动作所吸引，陪同人员事后说："老太太看傻眼了，居然停留了三分钟。"毫无疑问，民间流传的许多与之有关的中外名人轶事，则使南翔小笼馒头变得更加出名。这种面食在今天事实上已经成为习惯吃米饭的上海标志性的风味小吃。

天下通食

比小笼包流传更广的有馅面食，当数"馄饨"。其制作的方法为"用很薄的面片，包馅而成，形状似耳朵"。可以说，在神州大地、五湖四海都能发现这种美食的存在，虽然名称不见得都叫"馄饨"——譬如四川有"抄手"、江西有"清汤"、广东更有"云吞"，其实都是一类食品。唐代的《群居解颐》记载，"岭南地暖……又其俗，入冬好食馄饨，往往稍暄，食须用扇"，说明那时的广东人还是把"云吞"叫作"馄饨"的。

馄饨约起源于汉魏之时。今日所见最早的载录文献是魏国博士张揖的《广雅》，其中就有"馄饨，饼也"的说法。古人对馄饨的起源，一直存在着不同的看法。有人认为馄饨由"象浑沌不正"的天象而得名。也有人认为馄饨的产生和祭祖相关。孰是孰非，迄今难以定论。

实际上，馄饨正是魏晋时期开始流行的面食——饼的一种。到了南北朝时期，生活在北齐的颜之推写道："今之馄饨，形如偃月，天下通食者也。"由此可见，远在1500年前，馄饨已在中国大地上广为流行而成为"通食"了。

到了唐代，馄饨已经沿着丝绸之路扩散到边疆地区。1959年，在新疆吐鲁番一座唐代墓葬出土的木碗中，保存着数只和今天馄饨形状大抵相同的馄饨。其形似现代人的耳朵，长 3 厘米，宽 1.9 厘米，皮均为小麦面粉所制。这无疑表明唐代的高昌（今吐鲁番）人早有了吃馄饨的习俗。因为当地气候干燥，所以许多面食点心才能完整地保存下来。据文献的记载，唐代的馄饨制作精良。中晚唐时期的段成式在《酉阳杂俎》里说，长安城中，萧家制作的馄饨特别精致，其煮馄饨的汤可以用来煮茶。唐代馄饨的名品很多，最出名的有两种。其一，叫"五般馄饨"，五般即五色。馄饨能做出五种花色，当非易事。其二，叫"二十四气馄饨"。唐代韦巨源《烧尾宴食单》记有"二十四气馄饨"，能做出花形、馅心各不相同的 24 种馄饨，技术要求更高。不过，这顿烧尾宴是请皇帝吃的，一般人自是无福消受。

宋代林洪撰《山家清供》说，当时馄饨又有新品种，如椿根馄饨、笋蕨馄饨，就是它的馅分别选用了香椿的根和冬笋、蕨菜。《武林旧事》也说，"贵家求奇，一器凡十余色，谓之百味馄饨"。元代的忽思慧则在《饮膳正要》里记载了奇特的"鸡头粉（芡实粉）馄饨"。其用鸡头粉、豆粉加水调和为皮，以羊肉、陈皮、生姜、五味制馅，然后包成枕头形，煮熟食用，据说，这种馄饨有"补中益气"的功效。

大抵在明代以前，馄饨多用沸水煮后食用，要诀有二：汤要清、馅要细。至清代，开始煮、蒸、煎多种方法并用，与现代的做法已十分近似。这一时期的馄饨在各地可以说是到处开花，许多地方均出现馄饨的名品，制法更精，风味更加多样化。譬如当时京城有名的致美斋馄饨享誉极高，馅味讲究，汤料齐全。诗云："包得馄饨味胜常，馅融春韭嚼来香。汤清润吻休嫌淡，咽后方知滋味长。"扬州则有"小馄饨"，美食家袁枚在《随园食单》里称赞，"小馄饨似龙眼，以鸡汤下之"。广州则以上等猪肉、虾肉、芝麻屑、鱼肉、鸭蛋黄、冬菇丁为馅制作"云吞"，皮薄馅满，软滑鲜香，其中尤以"虾肉云吞"最为出名……

举国皆食饺子

各式各样的古代馄饨，最终衍生出了另一种面食——"饺子"。

饺子多以冷水和面粉为剂，揩成中间略厚四边较薄的圆皮，包裹馅心，捏成月牙形或角形，经沸水煮熟而成。饺皮也可用烫面、油酥面或米粉制作；馅心可荤可素，荤馅有三鲜、虾仁、蟹黄、海参、鱼肉、鸡肉、猪肉、牛肉、羊肉等，素馅又分为什锦素馅、普通素馅之类。将包好的饺子用水煮熟而食叫"水饺"；用笼蒸熟称为"蒸饺"；用油煎熟则称为"锅贴"。

起初的"饺子"写作"角子"。宋孟元老的《东京梦华录》追忆北宋汴京的繁盛，其卷二曾提到市场上有"水晶角儿""煎角子"。吴自牧的《梦粱录》记南宋朝廷皇帝寿宴礼仪宴事有文："进御膳，御厨以绣龙袱盖合上，进御前珍馐，内侍进前供上食，双双奉托，直过头。凡御宴至第三盏，方有下酒肉、咸豉、爆肉、双下驼峰角子。"

为什么会将这种馄饨叫"角子"？大概是出于象形的缘故，因为饺子的形状有点像牛、羊、鹿等兽类头上初萌之角。

大约到明清时，吃饺子在整个中国北方已成为定俗。明代的刘基《多能鄙事·饼饵米面食法》介绍了一种用烫面做的烙饺子与另一种用烫面做成的油炸饺子，即宋元文献里的"市罗角儿"和"时萝角儿"。反映明代市井生活的小说《金瓶梅》提到的市井小吃或富人家美食，有"水角儿""蒸角儿""葱花羊肉角儿"和"匏馅肉角"（可能是一种瓠瓜肉馅饺子）。明宋诩撰《宋氏养生部》中有"汤角""蜜透角儿""酥皮角儿"。"蜜透角儿"是一种以去皮胡桃、榛、松仁或糖蜜、豆沙为馅的油煎饺子。《红楼梦》第四十一回也曾提到螃蟹馅的油炸饺子……

可能是由于"角"字的书写表意不够明显，故而在明清之际，又出现了"粉角"或者更明确的"饺"的写法。方以智（1611—1671年）在《通雅·饮食》里指出："北人读角如矫，遂作饺饵。"作者之所以要强调"读角如矫"的是"北人"，是因为作为入声字的"角"在以《切韵》《广韵》为代表的传统韵书里，与"矫"是截然不同音的。《万历野获编》引述的是流传于京城中的一些有趣的对偶句，原句是"细皮薄脆对多肉馄饨，椿树饺儿对桃花烧卖"，句中对馄饨、饺子、烧卖已有明确区分。清无名氏《调鼎集》中对饺子与馄饨也有了明确区分，不再将它们混为一谈。

此后，在清人顾禄的《桐桥倚棹录》里讲到苏州市食有"水饺"和"油饺"；李斗的《扬州画舫录》记载扬州名店，有品陆轩以"淮饺"著名，小方壶以"菜饺"著名，可谓各有千秋；《广东新语》也记载了"粉角"（亦曰"粉果"）。汉族之外，很多少数民族也都喜欢吃饺子。像东北满族和赫哲族的鱼肉水饺、朝鲜族的肉汤饺、天津回民的羊肉圆笼蒸饺与白记水饺、甘肃裕固族的羊肉冻饺、新疆维吾尔族的羊肉饺子等都是很有名的民族食品。其中，维吾尔族百姓用羊肉汤煮饺子，汤中放进葱头、番茄丁、胡椒粉、香菜，别有风味。

饺子不仅是一种大众食品，还上升到了民俗的高度。早在明代，在广大北方地区，饺子已经是春节期间当之无愧的主角。饺子在明宫中被称为"扁食"。按照明代天启年间的大太监刘若愚的宫廷杂史《酌中志》的说法，正月初一这一天，明朝人在五更时起，焚香，燃放爆竹，开门迎年。北京皇城宫内人将门杠向院内地上抛掷三次，称为"跌千金"。然后"饮椒柏酒，吃水点心，即扁食也"。这种"扁食"就是日后的饺子，后世称为"更岁饺子"，谐音"更岁交子"。在新年到来的子时食用扁食，有着庆贺与祝福的意义。有的饺子内包着一两枚银钱，吃到这样的饺子就表示得到吉兆，此人新年大吉。到了清代，按照《清稗类钞》里的说法，"是日，无论贫富贵贱，皆以白面作角而食之，谓之煮饽饽（饺子）……举国皆然，无不同也"。这话就稍有些夸张了，改成"北国皆然"就妥帖多了。旧时人们在新年包饺子时，常常往某个饺子中放进糖、花生、如意、铜币。如果谁吃到含糖的饺子，就意味着在新的一年中生活很甜美，吃到有花生的饺子意味着健康长寿（因花生又名长生果），吃到内有如意的饺子则意味着来年事事如意，吃到含铜币的饺子更是意味着有好运气。时至今日，饺子已经成为很多人心目中的中国最典型的传统食品，每当工余闲暇或节假日，一家人团聚在一起吃着热腾腾、香喷喷的饺子，真是妙不可言……

姗姗来迟的面包

可以说，中国是当之无愧的"面食王国"。但细心的人们也不难发现，在浩如烟海的古籍里，居然难寻目下已司空见惯的面包踪迹。连700多年前游历中国的马可·波罗也发现了这个问题："（中国人）不识面包，仅将其谷连同乳或肉煮食，小麦虽丰，仅制成饼面食之。"

通常所说的"面包"，是一种用面粉掺水及酵母揉和经过发酵烘烤而成的食品。在地中海世界，从大约公元前180年起，先在罗马，后来也在别的城市，出现了大型面包坊，向民众供应小麦面包。面包在罗马人生活中的地位是如此重要，以致历代罗马皇帝都将提供免费的面包与马戏作为赢得平民支持的重要手段。

面包从此便在地中海世界站稳了脚跟。其实在遥远的东方，它还有个"兄弟"：馒头。虽然名字不同，但实际上"馒头"与"面包"有着许多相似之处：它们用料相似，主料均为面粉、水和酵母；两者加工工艺也雷同，都是将酵母加少量水活化后，加入面粉中，搅拌成面团并发酵。

唯一的区别在于，馒头"隔水蒸"，面包"明火烤"。常用蒸法堪称中国传统饮食的一大特色。考虑到炊具鬲下面只煮东西，颇为浪费热能，故而古代中国人创造出了置于其上的笼屉（古时候叫"甗"）。古代中国人早在新石器时代就已经发明了陶甗，到龙山文化时期其使用已十分广泛。新石器时代的陶甗是完全使用陶砂烧制而成的，在器具的底部刺出一些小孔，以使蒸气能从下面穿过，将热量带到上面，加热食物。小麦传到中国后，我们已经有了成熟的蒸煮制作工艺及炊具，因此理所应当就沿用原来的工具，所以才有了馒头。

若以此看来，是不是可以断言，古代中国人因为有了美味的馒头而舍弃了享用面包的机会？其实这个论断隐含着一个前提，也就是"蒸"与"烤"是"鱼与熊掌不可兼得"的互斥关系。

这个前提当然不成立。中国人从不排斥烤制美食的魅力。至于烤制的面食，东汉末年更有一个典故，所谓"灵帝好胡饼"。"胡饼"就是一种小麦磨成面粉后烤制（而非蒸煮）而成的食品，在西域称馕，乃波斯语发音，说明它最初是西亚的食物。丝路古道上考古发现过古代的胡饼。根据做法的不同，当时"京师贵戚皆竞食胡饼"的胡饼包括上面撒有芝麻的面饼，如《释名》云："胡饼，作之大漫沍也，亦言以胡麻著上也。"这种胡饼与中原传统的蒸饼、汤饼相比，味道可能更为鲜美，故而连堂堂大汉天子也成了它的粉丝。从现在的情况看，作为胡饼的直系后裔，新疆、中西亚地区流行的馕所用原料既有发酵的"发面"，也有不发酵的"死面"。比如伊朗的国民食物"石子馕"（sangak）就是用发酵的黑面粉揉捏成长方形或三角形饼，以盐调味，在石头上烤制而成。既然掌握了发酵工艺，又是同样的烤制手法，距离制作出大众认知里的"面包"恐怕也只是一步之遥了。

但就是差了这一步，面包在古代停下了东进的脚步。揣测其缘由，面包并不像如今想象得那么"亲民""普通"恐怕也是一个原因。在中世纪的欧洲，只有城里人和富人才有条件吃面包，而占当时人口绝大多数的穷人只能将就着吃大麦粥。这是因为大麦较小麦早熟一个月，价格又只有小麦的一半，穷人也能负担得起。但大麦的淀粉含量低，不易发酵，即使用其做成面包也很硬，远不如淀粉含量高的小麦面的口感好，所以人们通常会用大麦煮粥。比如，在14世纪以前，多数英格兰农民的食物主要就是麦糊，农民的餐桌上很少发现用小麦制成的食品。当时小麦在整个谷类食品中所占的比例才只有8%，大概只有庄园里的差役才吃得上面包，对底层农民而言它简直是与新鲜肉食一样的奢侈品。一位名叫格里高利的中世纪编年史作者更曾记载："许多人根本没有面粉，所以就挖各种野菜吃，可是，他们却因为吃野菜而浮肿和死去……"

既然（以小麦粉精制的）面包在中世纪欧洲已经变成某种意义上的"特权阶级"食物，大约很难想象它能够跨越万水千山在遥远的东方扎下根来。西洋饼的境遇就是一个见诸史料的例子。明清之际在华活跃的德国传教士汤若望曾经亲自下厨，"蜜面和以鸡卵"，为中国同事制作了西洋饼，极受欢迎。可是除了在袁枚的《随园食单》里留下"白如雪，明如绵纸"的感慨之外，西洋饼逐渐湮没无闻。究其原因，这些舶来品，当时只可在宫廷、王府和权贵之家的宴席上才能见到，而与民间社会无缘，自然也不会对中国普罗大众的饮食习惯造成什么影响。

到了近代，情况就迥然不同了。

17世纪，人类终于发现了发酵酵母菌的原理。从此，用酵母菌发酵的面包制做法便流行欧洲。18世纪之后，随着机器和电力的出现，面包的生产进一步进入了机械化和自动化的工业时代。在1889年，清朝驻法使馆官员陈季同参加第四届法国巴黎万国博览会后写下《万国博览会闻见》，并收录一位参会者的来信：在一个展厅里"展出的是食品和饮料，在那里可以看见各种机器，分别用来收割麦子、打麦、将麦子变成面粉，又将面粉变成面包。人们只需将成熟的麦子放在大厅的一端，就会看见点心从另一端出来"。

科技进步的直接后果就是，从19世纪70年代开始，每个英国人，包括贫民，都能买到去掉小麦胚芽的改良白面粉，过去昂贵的白面包变得平价起来，降尊纡贵，而不再成为高端人口身份的象征。当时英国贫困家庭每天的食物可能就是几盎司（1盎司约等于28.35克）茶叶、糖，一些蔬菜和一两片奶酪，偶尔能有一点咸肉末，剩下的便只有面包。

在欧洲完成平民化进程的面包，终于也在工业革命浪潮的裹挟下，势不可挡地打开了中华料理的大门。早在19世纪中期，一些通商口岸城市已经涌现出相当多的西餐馆，其中自然有售卖面包的。国人对面包这种"欧美人普通之食品"的评价也变得颇高。《清稗类钞》就说，面包"较之米饭，滋养料为富……较之面饭，亦易于消化"。久而久之，面包也逐渐为市民阶级所接受。

北国名城哈尔滨就是一个典型的例子。这座城市因原俄国修建的中东铁路而兴，因此带有浓厚的俄罗斯风情。伴随着大批俄侨定居哈尔滨，为满足他们的饮食需要，一些面包厂、面包房纷纷出现在哈尔滨街头，其中最具代表性的是1900年哈尔滨秋林洋行面包厂，主要生产"列巴"（俄语"面包"的音译）。一时间，各种各样的大列巴、小列巴、列巴圈、奶油列巴摆满了秋林商店柜台，也使哈尔滨人养成了吃面包的习惯。反正就像《清稗类钞》所说，面包工艺无甚难度，"国人亦能自制之"，到20世纪30年代，中国人在哈尔滨经营的面包作坊就超过了100家，而同期外侨开办者倒只有16家。

现代作家萧红和萧军在20世纪30年代旅居哈尔滨时的主要食物就是面包。萧军曾在文中写道："萧红买了面包、肠子和啤酒回来，他一面吃着面包和肠子，一面喝着啤酒，很快就吃喝完了一切，立起身子向我伸出那只粗大的手掌表示要向我道别，我握了它，而后他也和萧红握了手道别。"可见早在那个时代，面包就已经成为哈尔滨市民生活的一部分了。

时至今日，虽然对于馒头与面包孰优孰劣尚有争议（馒头更易消化，而面包更耐储存），但有一点是可以肯定的，远道而来的面包与它的土生亲戚馒头一样，已成为中华饮食家族里的一员了。

◇ 菜 谱 · 小 笼 馒 头 ◇

带馅的"馒头"保留了古时候的称谓。

主料：面粉、肉糜、皮冻

配料：盐、白砂糖、生抽、猪油等

做法：在肉糜中放入盐、白砂糖、生抽等配料；将事先做好的皮冻切成小丁，用一勺熟猪油搅拌；将肉糜放到面皮上，像包肉包子一样打褶子；蒸锅水烧开之后，放入小笼蒸熟。

乳制品如何进入国人的食谱？

"每天一杯奶，强壮中国人"之类的广告语如今可说是司空见惯，牛奶及各种乳制品俨然已是很多中国家庭的日常饮食内容。然而，当代国人恐怕很难想到，乳制品如此大规模地进入国人食谱，其实为时并不久……

乳酪的浮沉

马文·哈里斯是美国当代著名的人类学家。他在其著作《好吃：食物与文化之谜》里曾经感叹：中国人对奶的使用"具有一种根深蒂固的厌恶"；"中国菜谱中没有奶制的菜——没有用乳酪为调料的鱼或肉，没有干酪片或牛奶酥，也不用给蔬菜、面条、米饭或饺子添加黄油"。这个观点，称得上是西洋人的刻板印象之一。无独有偶。一个多世纪前的美国传教士韦尔斯·威廉斯在1883年出版的《中国总论》一书里大发感慨，"在西方人眼里，（中国人）

餐桌上没有面包、黄油和牛奶，（因此）不算是完整的一餐"。

乍一看，这个说法倒也不算无的放矢。古代中原人民的确对乳制品不太感冒。要不然，西汉时期被迫出嫁西域大国乌孙的和亲公主刘细君（汉武帝的侄孙女）也不会在《悲愁歌》里将"以肉为食兮酪为浆"看成迥异中原的异乡风俗了。

这个异乡风俗，在之后的历史演进里，偏偏逐渐进入了汉地餐桌。《释名·释饮食》解释"酪"曰："酪，泽也，乳作汁，所使人肥泽也。"这就说明，东汉时期，人们便认识到食酪不仅可保身体健康，亦可使人皮肤润泽，有美容之功效。汉末三国时期，乳酪开始进入中原的上层社会，《世说新语》里一个非常出名的故事就与此有关。有人送了曹操一盒酪，曹操尝了以后，提笔在盖子上写了个"合"字以示众。大家都不知道曹丞相葫芦里卖的是什么药，唯独杨修笑道：这是曹丞相让大家都来尝尝，合者，一人一口也。刘义庆等人将这个故事收入《世说新语》当然主要是用来赞颂杨修的智慧，但也暗示当时的乳酪在中原尚是珍贵之物，要不然曹操也不会让手下人都来尝尝鲜了。

到了西晋时期，乳酪已经深受中原人喜爱，饮酪的风气一度流行起来。因此还产生了有名的羊酪与莼羹之争的典故。三国归晋以后，东吴名将陆抗的儿子陆机曾经"上洛"拜访侍中王济。这位晋武帝的女婿得意扬扬地指着饭桌上的"数斛羊酪"问陆机："你们江南吴地有什么好吃的东西可与此物相媲美吗（卿吴中何以敌此）？"陆机倒也反应敏捷："我们那里千里湖出产的羹，不必放盐豉就可与羊酪媲美呢（千里莼羹，未下盐豉）。"

当真是莼羹的滋味更好吗？恐怕也不见得。其实因为饮食习惯有异，当时的南方人还吃不惯乳酪。永嘉南渡以后，南渡士族领袖王导请江东士族首领陆玩吃饭，端出了名贵的奶酪。谁知吃了奶酪回家之后，陆玩的身体居然出了问题，结果只能写信给王导自嘲："仆虽吴人，几为伧鬼。"这个故事其实还有下文。到了南北朝时期，一方面，北魏贾思勰的《齐民要术》有《作酪法》《作干酪法》《作马酪酵法》等专篇，介绍了乳酪的制作和加工技术，这是现存最早的关于乳品制作方法的汉字记载，其中特别提到制酪时掌握温度的重要性："温温小暖于人体，为合宜适。热卧，则酪醋；伤冷则难成。"另一方面，南梁的沈约是吴兴武康（今浙江湖州）人，他食用了别人赠送的"北酥"之后并没有身体不适，还写了一篇《谢司徒赐北酥启》，称赞这种食品"自非神力所引，莫或轻至"，算是代表当时的南方社会上层，给了乳制品一个正面评价。

到了隋唐时期，奶制品的消费在古代中原的上层社会可能达到了一个顶峰。隋代谢讽在《食经》里记载了许多食品名称，如"加乳腐"以及"添酥冷白寒具"等，用到"乳""酥"等字，说明乳品是制作馔肴的重要原料。唐代韦巨源著名的《烧尾宴食单》也有不少馔肴的原料是乳品，如"乳酿鱼""单笼金乳酥"等。彼时食用乳制品的风气也留存在了敦煌壁画上。莫高窟第九窟的挤奶图画面中，一个妇女站在牛旁，另一个妇女蹲着挤奶。第二十三窟的制酥图中，两人在过滤奶子，旁边还有一人在一个容器中搅动，以使水和奶酪分离，后世将此称作"打酥油"。

尽管如此，但也很难说乳制品已经就此在中土扎根，毕竟"唐人大有胡气"（鲁迅语）。到了宋代，一方面，历史悠久的乳酪在民间流传，还出现了新的吃法。比如人们喜欢把樱桃和乳酪搭配食用，就像陆游诗里所说的"槐柳成阴雨洗尘，樱桃乳酪并尝新"。但另一方面，宋人对大多数乳制品并不是十分感兴趣。当时，与其他北方民族一样，辽人常年食肉饮酪，开封朝廷派往辽朝的使节留下的文字记录又恢复到了《悲愁歌》的风格，使节显然不习惯乳制品的口味。苏颂就觉得辽人饮食与宋朝大异，"酪浆膻肉夸希品"。被契丹人夸为稀品的"酪浆"，宋使却吃不下去，以至于没吃饱饭的苏颂向同事抱怨，"朝飧膻酪几分饱"……

草原的馈赠

话说回来了，"中国人不吃乳制品"的论断倒也有些武断。譬如，生活在中国东北与西北的草原游牧民族在历史上以畜牧经济为主，因此在饮食上也以"食肉饮酪"为主。乳制品在游牧居民食谱中的重要性不亚于肉食。母牛和山羊奶多数被用于制作可长时间保存的乳制品（奶油、酸酪）；绵羊和骆驼奶常用于烧奶茶；母马奶则只用于制作酸奶。当代的哈萨克族就有一种名叫"金特"的甜点心，其做法是将糜子（也可用小米）洗净后，放入锅中，加入少量的酥油炒，炒熟后出锅，再配上适量的白砂糖、奶酪渣、奶疙瘩末、奶油、葡萄干等食物拌匀，放凉即可食用。这种食物既可以用勺舀着吃，也可以泡在烧开的牛奶里吃，香甜可口，是招待客人的美食。

在这些骑马民族里，蒙古族就是典型代表。中世纪的伟大旅行家马可·波罗在他的游记中谈及13世纪蒙古族人的食物时就说"他们通常的食物是肉和乳"。具体而言，就是"冬则食肉，夏则食乳"，当时的西方旅行者注意到，蒙古人在夏秋两季主要食用乳制品，几乎不吃肉："在夏季，如果他们还有忽迷思即马奶的话，他们就不关心任何其他食物。"其实即使在冬天，蒙古贵族也喜欢喝马奶，据说成吉思汗的孙子，金帐汗国的建立者拔都麾下30人每天都要供应拔都3000匹母马的奶。普通的蒙古百姓无法如此奢侈，只能进一步加工提取奶油后剩余的奶，使之变酸，然后煮之，使之结成凝固的奶块，又将之置于阳光下晒干，这样它就坚硬如铁渣一般。在冬季缺奶时，他们把这种酸奶块放在皮囊中，倒入热水，用水搅拌，直至完全溶化，以此代替奶。

至于另一个中国历史上重要的少数民族，生活在中国东北的女真（满）人在历史上原本是个狩猎民族。史书上说，他们"唯知射猎，本不事耕稼"，在明代后期才逐渐转入定居生活，"家家皆畜鸡、猪、鹅、鸭"。他们的饮食中也不乏乳制品的身影。恰是在清军入关的顺治元年（1644年），朝鲜使节仍然注意到，"胡（指满族人）俗多以肉酪充饥"。这一习惯在之后的清代宫廷里依然保留，在紫禁城西华门外组建有三个牛圈，称"内三圈"，专供宫廷所需牛乳。康熙年间的乳牛分配法为：皇帝、皇后共用乳牛 100 头，太皇太后、皇太后各 24 头，皇贵妃 7 头，贵妃 6 头，妃 5 头，嫔 4 头，贵人 2 头。从这个角度来说，宫斗胜利的奖励之一就是更多的奶牛。

内三圈每日取用牛乳交送御茶膳房备用，首先用作御用的奶茶。比如乾隆皇帝不吃牛肉，但喝牛奶熬成的奶茶，奶茶每天都要随点心、果饼等呈进。这样的习惯其实并非清帝的专利。近代俄国探险家普尔热瓦尔斯基就记述蒙古族牧民有饮用奶茶的嗜好。他们在煮开的茶水中加入奶（牛奶、牦牛奶、绵羊奶、骆驼奶），再煮几分钟，然后把锅从火上移下，把茶注入专门的容器并把奶茶斟到碗中。除奶以外，还常常往茶里添加各种奶渣、淡味饼、各种形状的炸面块。普尔热瓦尔斯基着重提到，此等奶茶，"一般蒙古人喝个二三十碗，不算稀奇"。

除此之外，清宫的奶多是用来"做月饼、花糕、寿桃；在保和殿筵宴蒙古王公；各类小吃，鱼儿馎饳等"……这就是所说的"旗俗尚奶茶"的由来。直到清末民初，老舍先生仍描绘说："在满洲馎饳里往往有奶油，我的先人也许是喜欢吃牛奶、马奶以及奶油的。"

从淡出到普及

宋之后的元代是蒙古贵族建立的朝代。就像周德清在《中原音韵》里所说，"唯我圣朝，兴于北方"，乳制品因此在中原迎来了它的回光返照。明清之后，乳制品在中原餐桌上扮演的角色越来越微不足道，最后几乎销声匿迹。

实际上，乳制品逐渐淡出的过程不只局限在汉人的食谱里，传统上热衷奶食的满、蒙古两族同样有此趋势。雍、乾时代，满人食用乳制品的习惯已大有改变。《红楼梦》中写："宝玉只嚷饿了……头一样菜是牛乳蒸羊羔。贾母说：'这是我们有年纪人的药，没见天日的东西，可惜你们小孩子吃不得。'"到了晚清时代，大多数居住在京师的满族人连吃奶的习惯也渐渐没有了，而多饮用杏仁茶或者面茶。甚至以"逐水草而居"著称的蒙古族也是如此。从明代后期开始，在以今天呼和浩特为中心的土默特平原逐渐开始农耕定居生活。由于"田野尽辟，游牧事业已衰，农业渐兴"，当地蒙民"饮食渐与汉人同"，从小没喝过牛奶也成了十分常见的情况。而在清代后期转入农耕生活的科尔沁（在今东北）蒙古族人的主食也变成了粮食、蔬菜，吃奶食品、牛羊肉的越来越少，甚至好多村落的蒙古族农民已不习惯吃羊肉，又改变了喝茶、马奶和奶酒的习惯而喝红茶和米酒了。

这是为什么呢？有人揣测，这是因为乳制品带有鲜明的胡族特征，因此受到排斥。这样的看法恐怕站不住脚。毕竟古训就有"民以食为天"的说法。明朝开国皇帝朱元璋推翻元朝后禁止"胡语""胡服"，却没有提到"胡食"；明清帝国鄙视西洋夷狄也不曾阻止美洲作物（马铃薯、甘薯、玉米）在中国扎根，进而养活了几亿中国人。

真实的原因恐怕还是"养活几亿中国人"。明清时代，我国人口以前所未有的速度增加，在 19 世纪中期达到传统农业社会所能容纳的极限：4.3 亿。大量的牧场草地因此被开垦成为农田。诚然，牛和水牛依旧被大量饲养，但却当作役畜使用，它们的奶只能够喂养自己的牛仔。而在中国农村最常见的家畜——猪——的乳腺本来就不适于产奶。由于奶畜饲养的减少，明清中国失去了大量供应奶源的社会条件，开始把奶制品当成了药补食品。李时珍在《本草纲目》里就一口气记载了羊奶的诸多药效："补寒冷虚乏。润心肺，治消渴。疗虚劳，益精气，补肺、肾气，和小肠气。"所谓"物以稀为贵"。人们从物尽其用的角度出发，将数量少的奶食留给需要补益身体的老年人或体虚者，而大多数身体健康的人一般没有机会食用奶食。

这就意味着一度在中原兴盛的食用奶制品的习俗逐渐衰微消退——农耕社会的中国人转而用大豆提供蛋白质。久而久之，大多数中国人在 6 岁或更大一些时便停止产生乳糖酶，因而不能消化乳糖，食用大量鲜奶制品会使其消化不良。这反过来进一步增加了国人对于乳制品的抵触，造成了当代人有中国自古很少食用奶制品的错觉。当鸦片战争打开中国的国门之后，奶食多甚至成为当时中国人对于西方饮食最直观的认知之一。

鸦片战争之后，沿海城市涌入了许多外国侨民。由于饮食习惯上需要，他们先后把西洋奶牛引进了我国各地。1842年，荷兰黑白花奶牛被引入厦门，这是西方奶牛传入我国的最早记载。在西风东渐的过程中，乳制品，尤其是牛奶，开始比以往任何时候都引人注目地登上了国人的餐桌。早在民国时期，在很多城市的报纸杂志中，都能发现普及牛奶及奶制品营养价值的文章。经过一个半世纪的社会变迁之后，乳制品终于在中国人的餐桌上实现了"逆袭"。

◇ 菜 谱 · 乳 饼 ◇

乳饼是白族等滇西北各民族普遍食用的一种奶制品。

主料：牛奶或山羊奶

做法：把刚挤出的新鲜山羊奶煮沸，加入酸浆使其凝固，再用纱布包起，压
制成块，晾干后即成。

声名远扬的『北京烤鸭』与『胡食』有何关系？

北京烤鸭是中国菜肴文化中最为优秀的肴馔之一，它以色泽红艳、肉质细嫩、味道醇厚、肥而不腻的特色驰名中外。外国人有"到北京，两件事，游长城，吃烤鸭"之说。由此可见北京烤鸭的知名度。不过，这道美食的渊源可以追溯到将近 2000 年前的"胡食"，或许是令人意想不到的。

皇帝的加持

早在明代后期，天启年间的太监刘若愚在其所撰的《酌中志·饮食好尚纪略》中就写道，"本地（指北京）则烧鹅、鸡、鸭"，说明在当时，烤鸭已成为地道的北京风味。

有一种说法，烤鸭店作为饮食行业在北京也已经有了 400 多年的历史。北京最早的烤鸭店是宣武门外米市胡同内的老便宜坊。这家铺子开业于明代嘉靖年间（1522——

1566年），牌匾为当时的兵部员外郎、历史上有名的清官杨继盛所书。老便宜坊逐渐发展成当年北京的最大饭庄之一，光伙计就有50多人，店内可同时开宴数十席。它继承和发扬了前人焖炉烤鸭的方法，其特点是"鸭子不见明火"，即先将炉墙烤热，然后将填鸭放入炉内，关闭炉门，全凭炉墙的热度使鸭子焖烤而熟，烤出的鸭子外焦里嫩，肉层丰满，一咬一流油而不腻。

按照清代乾隆时人记载，一只烤鸭需银一两有余，相当于当时25斤猪肉或50斤面粉的价钱。饶是如此昂贵，老便宜坊的门前还是停满了达官贵人们乘坐的大轿。到了民初，《清稗类钞》更是直陈京师食鸭"尤以烧鸭为最，以利刃割其皮，小如钱，而绝不黏肉"。

不过，天下美食何止万千，烤鸭之所以能在日后成为北京乃至全中国的美食品牌。皇帝的推波助澜可能是一个很重要的因素。

北京烤鸭的烤法分挂炉和焖炉两种，焖炉烤鸭就以老便宜坊为代表。挂炉与焖炉的区别在于，挂炉使用明火，燃料为果木，以枣木为佳；焖炉使用暗火，燃料是板条等软质材料。尽管两者的风味大异，但都在一个"烤"字上下功夫，因此也都被叫作"北京烤鸭"。

追根溯源，挂炉烤鸭是道宫廷菜。相传乾隆二十一年（1756年），乾隆皇帝在民间食得八宝鸭，作诗《客邸晚炙鸭》一首："秀女山下就烟霞，茅屋三椽赁客家。八珍挂炉炙凫鹜，园蔬登俎带黄瓜。片片宛如丁香叶，焖烤登盘肥而美。炮烙炙制法尤工，天下第一八宝鸭。"于是皇帝回宫后，清宫的御膳房就对烤鸭的技法进行了修改，将原来的焖炉鸭子改为挂炉鸭子。修改后的烤鸭皮脆肉嫩，体状丰满，色泽红亮，入口即化，肥而不腻。本来鸭子就是乾隆御膳当中出现频率最高的食材。鸭馔之中，除了热锅类以外，最多的则是挂炉鸭子。"乾隆二十六年三月初五至十七的 13 天中，乾隆皇帝就吃了 8 次烤鸭。而据记载，乾隆三十年正月十七到正月二十五的 9 天中，天天都有挂炉鸭子。"

　　挂炉烤鸭如何流入民间、从何时流入民间不得而知。但乾隆以后，极受皇帝喜爱的八宝鸭子逐渐进入京师地区民间生活，京师地区的烤鸭流行趋势也由原本的焖炉烤鸭转变为挂炉烤鸭。同治三年（1864 年）在前门外出现的全聚德鸡鸭庄开始出售挂炉烤鸭。京城百姓显然对其有一种强烈的新奇感，加上薄薄油荷叶饼卷着吃烤鸭肉的方式也可能来自全聚德，有参与性的乐趣，全聚德最终便在北京烤鸭竞争的时代脱颖而出，成为享誉全国的品牌店。

胡食貊炙

　　受到明清两代皇帝青睐的烤鸭究竟从何而来呢？这得从东汉末年说起。当时的京城洛阳出现了一股奇特的时尚，带头的居然还是一位高高在上的皇帝——汉灵帝刘宏。此人热衷胡服、胡帐、胡床、胡饭、胡舞，京师贵戚自然有样学样，吃胡人饭食，胡饭一时间在洛阳城中蔚为风气。在保守人士看来，这就颇有些大逆不道了。后人毫不客气地指责，"灵帝好胡饼，京师皆食胡饼，后董卓拥胡兵破京师之应"。这不啻是将灵帝爱胡食当作了汉室灭亡的先兆。

这当然是冤枉了汉灵帝。董卓之乱，跟他爱吃胡饼又有何干？难道不吃胡食，汉灵帝就不是昏君了？更不要说，胡食进入中原的时间其实比汉灵帝之时还要早得多。生活在西汉时期的桓宽，早在汉灵帝大吃胡饼前200多年时就在《盐铁论》里记下了一道西汉时期流行的美食——貊炙。

"貊"指的是西、北方的少数民族。而唐人孔颖达在其《毛诗正义》中解释，"炙"是一种把生肉用木棍或其他棍状物穿起来在火上烧烤的制食方法。在运用炙法时，穿叉炙物的木棍或其他棍状物在手中不断转动，炙物就可以周身烤遍。

把这两个字合起来，就是汉代刘熙在《释名·释饮食》里的说法："貊炙，全体炙之，各自以刀割，出于胡貊之为也。"也就是将羊或猪之类的食物整只进行烤制，然后人们围坐一起，用各自的刀割而食之。"出于胡貊之为"一句话就表明这原本就是游牧民族惯常的吃法，在塞外各地的羌、胡民族中影响很大。唐代著名边塞诗人岑参的《酒泉太守席上醉后作》诗中写道："琵琶长笛曲相和，羌儿胡雏齐唱歌。浑炙犁牛烹野驼，交河美酒金叵罗。"诗中的"浑炙犁牛"翻译过来就是"烤整牛"，是与"貊炙"同类的烤炙菜肴。

晋代成书的《搜神记》里又有一句话，叫"貊炙，翟之食也。自太始以来，中国尚之"。"太始"就是"泰始"，是晋武帝司马炎的年号（265—274 年）。由此可见，至迟到了魏晋年间，源自胡食的貊炙在中原已经相当流行了。当然，《搜神记》里的下一句话，"戎翟侵中国之前兆也"，纯粹是事后诸葛亮式的牵强附会。不过，到了南北朝时期，随着胡汉融合程度的逐渐加深，汉族对貊炙已经习以为常，并开始大量使用烤这种烹饪手法烹制食物。不过，汉人食貊炙有专门的饮食器具——貊盘。这是食用貊炙的一种专用器皿。有了它之后，相较胡人以手抓食的习惯，汉化改良的貊炙食用方法顿时显得温文尔雅起来。

这一时期最重要的一本饮食学论著当数《齐民要术》。北魏时期曾任高阳太守的贾思勰在"采摭经传，爰及歌谣，询之老成，验之行事"后写成了这部鸿篇巨著。《齐民要术》卷九专列有炙法，详细介绍了 21 种炙法。其中就明确地记载了一种炙豚（烤全猪）的做法。取尚在吃乳的幼小肥猪，公母都可以，将其刮毛洗净，在腹部开口取出内脏，洗干净之后，腹内用茅草塞满，然后用木棍将其穿起来，小火去烤。烤的时候要不停翻转，翻烤的时候还要在猪身上涂上几遍清酒。要烤到其变色，然后还要涂上新鲜的猪油。新鲜的猪油也可以用干净的麻油代替。烤好之后，整只猪呈琥珀色，食用时如同冰雪一般入口即化，汁多肉润，风味独特。如此貊炙做法，至今读来，还是让人垂涎不已。

烤鸭面世

古人既然能够"炙猪",当然也会想到"炙鸭"。《齐民要术》里同样记载了一道"腩炙鸭"。将养了六七十天的肥鸭子洗净切成块,用酒、鱼露和葱、姜、陈皮、酱油腌渍一顿饭的时间,再烤。这道菜堪称开中华烤鸭之先河,可谓烤鸭的始祖。晚些时候,唐代的张鷟在《朝野佥载》所记载的武则天宠臣张易之的吃法,就与今天的整只烤鸭更像了,只不过其"活烤"手法显得极其不"鸭道"。活鸭是被放在大铁笼里的,笼中架上炭,炭被点燃之后,活鸭感觉到炭火的热烤却无法逃离,只能在惊吓中惨叫着,绕着火跐着脚。炭热不断向体内渗透,热中的焦渴和炙烤一样让鸭子痛苦难熬,烤鸭的人趁机用盆调了五味汁喂它。鸭子有了一丝凉气就又去乱窜着逃命,却越逃越热,最后被均匀地燎掉皮毛,鸭肉也被大体均匀地烤红烤熟……

话说回来,张易之当时在洛阳为官,落在他手里不得好死的鸭子很可能并不太多。甚至六朝以前的相关文献,大多也只提鸡而少提鸭。这自然说明鸭的饲养当时在中原还不十分普遍。其原因很容易理解。鸭子是以水为主要生活环境的禽类动物,喜在水中嬉戏。而中原地区并非水乡,河流、湖泊分布较少,饲养鸭子的环境先天不足。

至于江河纵横、河网密布的江南就是另一番景象了。罗愿在《尔雅翼》里说,"鹜,无所不食,易于蕃息,今江湖间人家养者千百为群，暮则以舟敛而载之"。按照《姑苏志》的描述，春秋时期甚至出现过"鸭城"。"鸭城，在匠门外，吴王筑以养鸭。"这似乎开创了我国大规模饲养家鸭的历史。南北朝时期，鸭子居然还救过南朝政权一命。侯景乱梁之后，北齐趁机进犯，一直打过长江来到秦淮河南岸，陈朝的建立者陈霸先率军抵抗，却缺少军粮。紧要关头，他的儿子派人送来了"米三千石，鸭千头"。陈霸先立即下令炊米煮鸭，"人人裹饭，媲以鸭肉"。饱餐一顿的陈军一战击溃气势汹汹的齐军，将南朝国祚延续了几十年。至于南宋年间的《武林旧事》更是充斥着当时在行在（临时首都）临安流行的"爊炕鹅鸭""炙鸡鸭"之类的菜肴。

元朝统一中国之后，大运河将南北连为一体。南方对于鸭子的饮食偏好也随之传入北方。1330年，元代饮膳太医忽思慧，在其撰写的宫廷膳书《饮膳正要》中记录了烧鸭子的做法。"烧鸭子"即"烤鸭"。广东一带目前仍称"烤鸭"为"烧鸭"，便是一个例子。与今天的做法稍有不同，元人是将鸭子去毛，剔肠，把肚洗净，放上葱、香菜和盐，再洗出一个干净的羊肚，将鸭子包好，用炭火烤熟，再扒去羊肚吃鸭肉。

到了明、清年间文献中的"烧鸭"，与今天的"烤鸭"技艺，可以说是越来越像了。明代的《宋氏养生部》里的"烧鸭子"一道菜，就是先经过油炸，再将腹中填满花椒与葱的肥鸭子上架子烤。清人袁枚在《随园食单》中记载的"烧鸭"做法也差不多："用雏鸭上叉烧之。"《调鼎集》中的"炙鸭"与《随园食单》中的相同，也是"用雏鸭铁叉擎炭火上"烤熟的技艺。这种烹饪方式，与千年之前的"貊炙"，几乎可以说是一脉相承的。

有意思的是，如今的烤熟之鸭，需要切片上桌。这个做法其实也在史上有迹可循。当年貊炙刚刚进入中原人视野之内时，其各自以刀分割，以手抓食，血流指间的进食方式一度被认为是秽行。《孟子》里有"君子远庖厨"的说法，应刃落俎乃膳夫之事，焉有吃客亲自动手割食之理？所以在晋人食炙的时候，边上就专门站着一个"执炙者"，负责为食客割炙。为此还引出了一段佳话，东晋大臣顾荣见执炙者"貌状不凡"，于是自己动手，还说了一句："岂有终日执之而不知其味！"

从这个意义上说，从"貊炙"到"北京烤鸭"的演变，只是一个缩影。中国人的饮食生活，就是在不止一次这样的胡食浪潮中不断变换出新花样。

◇ 菜 谱 · 脆 皮 烤 鸭 ◇

烤鸭的渊源可以追溯到将近 2000 年前的胡食。

主料：净鸭半只、土豆一个、洋葱半个

腌料：花椒盐、八角、小茴香、生姜、桂皮、大蒜、大葱、花椒、生抽、盐、糖、料酒、清水混合

刷料：老抽、蜂蜜、水果醋混合

蘸酱：鸭油、甜面酱、水、糖

方法：将花椒盐均匀仔细地涂抹在鸭子的内外，然后将其他所有腌料混合放

入容器，再放入鸭子腌制一天，中途翻面使之均匀入味；将腌渍好的鸭子取出（腌渍料留用），用钢叉斜斜地叉住鸭子，烧一锅滚水并使之保持沸腾状态，一遍又一遍地将滚水浇在鸭子上，重复多次，直到鸭皮收缩变紧，出现毛孔；为烫好皮的鸭子趁热刷上混合好的刷料，等表面干爽以后重复1~2次；将刷好的鸭子倒挂在室外阴凉通风处风干，其间刷2~3次刷料，剪掉鸭翅尖；用锡箔纸包住鸭翅、鸭腿等肉少骨头多的地方，将鸭子放入烤箱中层，在中层烤盘底层垫上土豆、洋葱，将之前倒出的腌渍汁用烤箱专用碗，放入烤箱底层，烤箱开下火，340华氏度（170摄氏度）烤40~45分钟；烤的中途取出刷1~2次刷料，烤完40~45分钟后取出底层的腌渍汁，将烤箱温度调高至400华氏度（205摄氏度）烤15~20分钟，撕掉包裹鸭翅、鸭腿的锡箔纸，再开火烤10分钟即可；冷锅，将烤盘里烤出的鸭油取出倒入锅里，加2大勺甜面酱、半勺糖小火炒香，加入适量的清水，煮至浓稠冒泡，盛出即为蘸酱。

金风送爽，涮肉飘香。每当秋风乍起之后，吃火锅就更成了各地食客的一大快事。尤其是在隆冬时节，锅膛中炭火熊熊，锅里面鲜汤沸滚。用筷子夹起一片片薄如纸的羊肉，在火锅中略微一涮，再夹出蘸上调料，这便是一道如今尽人皆知的美食——"涮羊肉"了。

最早的涮羊肉

国人到底是在什么时候吃上涮羊肉的呢？坊间流传一种说法，将这道菜的发明权授予了生活在 700 多年前的元世祖忽必烈。据说，忽必烈在行军途中饥饿，急呼厨师。恰逢冬季，天气寒冷，又断了军粮，厨师急中生智，赶忙烧好了一锅开水，又飞刀切下十多片羊肉片，将羊肉片放在沸水里搅拌几下，待肉色一变，马上捞入碗中，撒下细盐。结果歪打正着，肉质格外鲜嫩。于是，这次偶然的事件，便促成了美食"涮羊肉"的诞生。

虽然此说在史书上找不到证据，但忽必烈生活的时代已经有了涮羊肉大约也是个不争的事实。宋理宗在位时期（1224—1264 年），福建泉州出了一位名士，姓林名洪。某年冬天，他专程前往福建武夷山拜访著名隐士止止大师。途中天降大雪，一只野兔因下雪岩滑，滚下山来，正好被林洪捕获。比守株待兔的农夫还要走运的林洪手提野兔，来到止止大师住所，打算一起享用。不巧，一时找不到厨师。于是两人按照止止大师介绍的办法"消灭"了这只兔子："在餐桌上放一个风炉，炉上架着汤锅；用酒、酱、椒、桂等做调味汁，把兔肉切成薄片，待锅中汤沸时，用筷子夹着肉片，在汤中涮熟，蘸上调味汁来吃。"

很明显，这个吃法，与我们今天食用涮羊肉的方法如出一辙。几年之后，林洪在南宋京城临安的宴席上又吃到了如法炮制的兔肉。眼看炉上锅中汤汁沸腾，如浪涌江雪，宾主们夹着红色的肉片在蒸气中频频摆动，如风翻晚霞，林洪当场赋诗一首，其中有"浪涌晴江雪，风翻晚照霞"的名句。林洪随即给这一道菜肴取了个名字叫作"拨霞供"，而且还将其收入了自己撰写的《山家清供》一书。

林洪吃到的拨霞供，就其用料和烹食方法而言，就是火锅涮兔肉。这一点似乎也不难理解。《山家清供》提到的福建、浙江地处东南，按照明末清初的屈大均的说法，"东南少羊而多鱼。边海之民有不知羊味者"。民间向来有"食在广州"的说法，而粤菜佳肴中亦鲜见羊馔，似乎也为屈大均提供了一个论据。

不过，《山家清供》在拨霞供的记载后面偏偏还注有几个字："羊肉亦可。"若是以羊代兔，拨霞供不就成了如假包换的涮羊肉了吗？这在南宋时期的东南，倒也并不是无法理解之事。有宋一代，皇室肉食消费，几乎全用羊肉，宋室南渡后，仍以羊肉为宫廷主要肉食，自然也就将吃羊肉的风气带到了江南。比如绍兴二十一年（1151 年），在南宋名臣张俊接待宋高宗的宴席上，羊肉类佳肴就有"羊舌签、片羊头、烧羊头、羊舌托胎羹、铺羊粉饭、烧羊肉、斩羊"七种之多。如此观之，若七个多世纪以前的江南食客已尝过美味的涮羊肉，确也在情理之中了。可惜到了后世，这一做法逐渐湮没无闻，以至于晚近的江南虽仍有羊馔，却只限于煮焖得烂熟了的白切羊肉与红焖羊肉了。

话说回来，拨霞供是不是最早的涮羊肉呢？恐怕也不见得。20 世纪 80 年代，考古工作者在内蒙古赤峰市敖汉旗康营子的辽墓里发现了一幅壁画，画上三个契丹人在穹庐中着三足铁锅席地而坐。锅前有一张方桌，上面放着两只盛配料的碗，还有两只酒杯。桌的右侧放着大酒瓶，左侧铁桶内盛着满满的肉块。这不啻一幅契丹人吃火锅涮肉的图景。美中不足的是，这幅烹饪图中所煮的肉食，不能断定属于何种动物。不过北宋的大学者沈括提到过，契丹人"食牛羊之肉酪"，因此壁画所绘是涮羊肉的可能性也不小。

为何不是草原产？

契丹人算是一个草原民族，忽必烈所属的蒙古族则更为典型。茫茫草原，风吹草低见牛羊。民间将涮羊肉与忽必烈联系起来的说法因此倒也显得合情合理，令人信服——可这偏偏是不折不扣的张冠李戴。

当然，羊肉的确是蒙古民族的传统肉食。南宋使者出使蒙古汗国时就发现，蒙古族人"牧而庖者，以羊为常，牛次之"。元代饮膳太医忽思慧于天历三年（1330年）向朝廷献了一部书，名为《饮膳正要》，这是迄今所知记述元代宫廷御膳最为翔实的一本书。比如书中记载的柳蒸羊，其做法就是宰杀一只整羊，将其摘除内脏。之后在地上挖一个三尺深的坑，用石头把坑铺满，之后用火把石头烧得通红，再将羊放在铁箅子上，上面用柳叶条覆盖，用土把坑封好，羊熟即可食用了。这道菜的名字虽说有"蒸"字，但是并不放水，而是用石头的热量和蒸气将羊烤熟，与今日的烤全羊实是一脉相承。在《饮膳正要》记载的90多种美食里，超过70种是用羊肉或羊肉的脏器制成，这本书简直可以说是一个以羊为主料的食谱集子了。可是在其中，偏偏找不到有关涮羊肉的记载。

虽说如此，另一个可能似乎不能排除：涮羊肉会不会如同许多美食一样，出自（蒙古族）民间的创造呢？中世纪欧洲旅行家的记载又给这种说法当头浇上了一盆冷水，

"如果他们还有忽迷思即马奶的话，他们就不关心任何其他食物"——包括羊肉。即使到了清代中期，那位因为出身江浙就被乾隆夺了状元（只给了探花）的赵翼也注意到，蒙古族人"不能皆食肉也"。寻常百姓度日，"但恃牛马乳"。只有到了逢年过节的时候，几家几户才凑在一起宰杀一只羊，分而食之——与汉地穷苦百姓过年时才能吃顿好的别无二致。

不仅如此，古代蒙古族人纵然能够搞到羊肉，恐怕也不会选择做涮羊肉。众所周知，涮羊肉需要火锅，火锅则大多以铜、铁等金属制成。而在元代以后的很长时期，蒙古族人都缺少铁锅（遑论更昂贵的铜锅了）！

乍一听，这颇有点匪夷所思。毕竟13世纪后期的波斯史学家拉斯特·哀丁在名著《史集》里已经记述了大约9世纪的蒙古族先民为了走出额尔古纳河西南的森林谷地，利用铁矿"熔山出谷"的传奇故事。可是到了元朝灭亡（1368年）以后，回到草原的蒙古各部却经历了一个生产力大倒退的黑暗时期，彻底丢失了冶炼工艺，连铁锅也造不出来了。

铁锅在日常生活里司空见惯。但当时的明朝朝廷却顾忌其材质，担心蒙古（当时分为鞑靼与瓦剌）人会拿去重造兵器。因此在与他们的互市中，不起眼的铁锅居然也成了禁止出口的"战略物资"。其实，铁锅大多是以生铁铸造，要改做兵器，就得炼炒熟铁，而当时的蒙古人根本没有这样高端的技术。至于鞑靼、瓦剌军队里那些明盔亮甲，要么是在以往与明军的战事中缴获而来，要么干脆是买通明朝边将走私到手的。比如土木之变（1449年）前的大同镇守太监郭敬，就依仗自己是大权在握的王振公公的亲信，把铁制箭头装在酒坛子里卖给瓦剌人。明廷对此束手无策，却拿根本不能改作军用的铁锅开刀。结果给草原上的普通民众的生活带来了极大的不便——没有铁锅的话，普通百姓就只能"以皮贮水煮肉为食"了。其影响之大，连瓦剌首领也先都曾愤懑地向明朝使节表示："我每（们）去的使臣故买卖的锅、鞍子等物都不肯着买了……"

总而言之，游牧民族的普通百姓一无肉，二缺锅。清代以前的文献资料绝少见到有关涮羊肉的文字记载，或许也是出于这个原因。

从清宫到东来顺

实际上，涮羊肉真正的源头，是距今并不十分遥远的清代。当时，火锅已经非常流行。清代著名诗人兼吃货袁枚在《随园食单》里就明确提到"火锅"这一名称，而且火锅更是冬季宫廷必不可少的佳肴。康熙、乾隆这两位满族皇帝曾举行过四次千叟宴，每一次宴席上都设火锅。其中嘉庆元年（1796年，当时乾隆退位而为太上皇）的那一次，动用了1550多个火锅，创造了火锅宴的规模之最。

此外，清代睿亲王（多尔衮）的后裔金寄水在所著的

《王府生活实录》一书中也说："王府冬至上午要吃馄饨，晚上照例吃火锅，不仅冬至这天要吃火锅，凡是数九的头一天，即一九、二九直到九九，都要吃火锅，甚至到九九完了的末一天也要吃火锅，就是说，九九当中要吃十次火锅……"这跟明朝宫廷里冬至这一天要吃炙羊肉、羊肉包、馄饨的习惯大不相同，显然这沿袭的并非前朝遗风，而是满族的旧俗了。

由于满洲八旗在清代享有经济特权——老舍在《正红旗下》就说旗人男丁每月都能从朝廷领到三两银子，寻常旗人也能吃得起火锅，于是乎，冬天吃火锅俨然变成京城一景。《清稗类钞》描述当时的场景，叫作："无论老幼，皆以涮肉火锅为快！"

他们涮的是什么肉呢？满族并非蒙古族那样的游牧民族，生活在白山黑水之间的满族很早就开始养猪。满族学者金启孮曾谈到清代营房中满族士兵的饮食生活，说他们"非常喜欢吃猪……特别喜欢吃白煮肉"。但论起"涮"的口味，羊肉到底占了上风。比如金寄水就说，虽然每年都要吃好多次火锅，但头一顿必定是涮羊肉。金启孮同样提到，"涮羊肉也是他们（八旗士兵）喜爱的食物"。久而久之，涮羊肉便被看作北京菜的代表之一了。

有需求的地方就有商机。1854 年，北京前门外开了一间正阳楼饭庄。店里的厨师身怀绝技，"刀法快而薄，片方正"，切出来的羊肉"片薄如纸，无一不完整"。如此羊肉，涮起来当然美味。无怪乎正阳楼饭庄很快就以涮羊肉出名了。可惜好景不长，民国初期，东来顺羊肉馆用重金从前门外正阳楼饭庄挖来一位刀工精湛的名厨，帮工传艺，东来顺很快后来居上。据说，他们切出的羊肉片比纸还薄，铺在青花瓷盘里，透过肉能隐约看到盘上的花纹。

到了 1942 年，正阳楼饭庄反而倒闭了。当时民谚叫作"涮羊何处嫩？要数东来顺"，可见东来顺已经独占鳌头，俨然成为北京涮羊肉的代表。也是出于这个原因，1962 年时，东来顺特派六名师傅千里迢迢南来广州传技，从此这道北京名菜便在南国羊城的回民饭店落地生根了。

如今，涮羊肉早已四处开花，甚至很难再算得上是一道北京地方菜了。旧时京城的一些讲究也已悄然消逝。过去涮羊肉得到立秋以后吃，没听说六月天吃涮羊肉，老北京见了六月天吃涮羊肉的，得笑掉大牙！而今一年四季都有吃涮羊肉的，在大热天吃火锅者亦大有人在。至于东来顺这样的老字号在时过境迁之后是否还能被称为涮羊肉的代表，则是另外一个问题了……

◇ 菜 谱 · 涮 羊 肉 ◇

一道古今尽人皆知的美食。

主料：羊肉片

配料：调料

做法：把除去血水后的羊肉片入热水中焯熟捞出即可食用。

吃货的文艺：繁荣的民间饮食

稻香与口彩：长江三角洲的传统春节食俗

从『鲅鱼』到『鲍鱼』：张冠李戴的『海族之冠』

与苏东坡一起吃饭：猪肉如何占领中国人的餐桌？

稻香与口彩：长江三角洲的传统春节食俗

在中国众多的传统节日中，春节不仅历史最悠久、礼仪最隆重，更是一场一年一度的饕餮盛宴。节日若不辅之美味佳肴，便似乎失去了欢乐浓重的气氛。虽说大江南北莫不如此，但神州大地幅员辽阔，"五方之民，言语不通，嗜欲不同"。各地的传统春节食俗，虽大同，亦有小异。江南一带，便是一个例子。

江南的年味

唐宋以后的"江南"，所指之处大抵就是以苏州、上海为中心的长江三角洲一带。这里与华北平原之间虽然隔着淮河、长江两道天堑，不过春节时的传统习俗却大体无异。比如富察敦崇记录老北京生活的《燕京岁时记》与顾禄记述苏州旧俗的《清嘉录》对拜年活动的记述就基本一致。

相比之下，食俗上的地方特色就明显得多。就拿大年初一的吃食来说，华北一带，"是日，无论贫富贵贱，皆以白面作角而食之，谓之煮饽饽"。所谓"煮饽饽"，就是今天所说的"饺子"。华南的客家人过去则有在这一天吃素的习惯，寓意吃斋一天，图一年吉利。而在江南地区，大年初一则要吃年糕、团子。用生活在清末民国初年的潘宗鼎在《金陵岁时记》里的话说，之所以"江南好，最好是新年"，能吃到欢喜团子、泡马蹄糕（即年糕）是个很重要的因素。

　　年糕，是一种用黏性比较大的米或米粉制成的糕点。它光洁如玉，柔糯细软。加水煮则糕糯汤清；用油煎则香甜柔软；如用碗隔水蒸食，则风味更佳。关于此物起源，民间传说跟春秋时期的伍子胥有关。这位吴国忠臣用糯米磨成粉做成的"砖"筑起苏州的相门。日后越王勾践起兵伐吴时，这些糯米粉帮助全城老百姓暂时度过了饥荒。于是苏州民谚有所谓"拆了相门城，救了姑苏人"的说法。此后，每到寒冬腊月，苏州人都用米粉做成形似砖头的年糕，以纪念伍子胥。

　　这个说法未必就是事实，但年糕与苏州的确有缘。这二字较早出现在文献记载之中，的确是明嘉靖年间的《姑苏志》中的"二日食年糕，曰撑腰"。由此可见，早在500年前，它就成为江南的春节时令食品了。顾禄在《清嘉录》中就用了整整一节专门写年糕，还收录有"方头糕""薄荷糕""糖年糕""条头糕"等各式各样的年糕产品。清代的《苏州府志》也说，大年初一早上，祭祖已毕，就要"豉春糕春饼"了。不独苏州、崇明、海门等地的沙地人每逢岁末年终，也家家户户蒸糕。当地人会准备一两个圆形的大蒸笼，每一笼糕约十多斤，拌以糖、枣子、核桃肉等配。糕蒸熟后晾干，然后再切成小块，在新年里慢慢食用，或将一笼糕切成四大块，走亲访友时作为一份土特产馈赠亲友。

至于《金陵岁时记》所说的欢喜团子，则是使糯米和上馅糖，再将其搓成圆形煮熟而成。按照潘宗鼎道听途说的说法，这种美食还是三国年间刘备娶亲时带到南京的。在江浙沪，食用和制作团子的历史可谓源远流长，南宋时期的周必大就在诗里记述，"时节三吴重，圆匀万里同"。杭州人在大年初一早上就有吃甜汤团的习惯。而在长江北岸的扬州，新年第一天早上也一定要吃圆子。不但要求又大又圆，而且跟杭州一样，圆子通常是甜的。

除此之外，苏、沪一带还有在新年期间喝元宝茶的风俗。当然，放置茶水之中的并非真元宝，而只是两枚檀香橄榄。橄榄又名青果，形状与元宝相近。檀香橄榄也称青果或青橄榄，初嚼时味略苦，久嚼后满口生津。这正应和了国人传统观念里"苦尽甘来"的愿望，因此也受到了百姓的欢迎。

有趣的是，长江一水之隔，淮扬一带也有新年喝元宝茶的说法。只不过此地的元宝茶却是枣子糖茶。有小孩的人家，床头总要放一只小碗，内盛糖、糕、枣子等，醒来后先甜甜嘴。这种元宝茶固然美味，却与苏、沪橄榄茶的苦尽甘来的寓意大相径庭。可见"百里不同俗"之说，亦非夸大其词。

稻为底色

细考江南传统春节食俗对年糕与团子的青睐，倒是不能不联想到流传很广的那句论断——"南稻北麦"。毕竟，年糕与团子的原料，都是稻米。

说起水稻，费尔南·布罗代尔（1902—1985年）曾在皇皇巨著《十五至十八世纪的物质文明、经济和资本主义》里断言，"稻和麦都起源于中亚的干旱山谷"，"水稻最初在印度种植，后来，在公元前2150年至公元前2000年间，经海道和陆路被介绍到中国南部"。晚近的考古发现，这位享誉世界的法国著名历史学家犯了想当然的错误。比起"中亚的干旱山谷"或是"印度"，中国的长江流域才更有资格被称为水稻的起源地。

江南水网密布，适宜水稻生长。考古工作者在浙江余姚河姆渡母系氏族社会遗址中发现了颗粒饱满、保存完好的水稻种子，这说明早在7000年前江南先民就已经开始种植稻谷了。晚些的马家浜文化里，说来好像是凑巧，上海青浦的崧泽遗址发现的作物是籼稻，江苏苏州的草鞋山遗址发现的则是粳稻。这样一来，水稻的两大品种都有了考古证据。到了司马迁生活的时代，"饭稻羹鱼"已经成为江南食俗的显著特征。晚至元朝，曾经在杭州当过江浙行省都事的渔阳（今天津蓟州区）人鲜于枢还在重复司马迁的看法："粳米炊长腰。鳊鱼煮缩项。"

这一现象，其实也反映在对"稻米"的称呼上。"稻米"北方叫"大米"，南方只叫"米"。"粟"北方叫"米"，南方叫"小米"。这些名称反映了北方以面食为主，南方以米食为主的不同饮食习惯。南方以产大米为主，所以说"米"即指大米，没有误会，指"小米"时要冠"小"字，以示区别。反之，北方产小米的地方，说"米"即指"小米"，说"大米"时，要冠"大"字。所谓"靠山吃山，靠水吃水"。近代的著名报人、小说家包天笑（苏州人）曾如是说："我是江南人，自出世以来，脱离母乳，即以稻米为主食，一日三餐，或粥或饭，莫不借此疗饥。"吃年糕与团子的食俗自然也是在当地水稻种植的过程中逐渐形成的。

不过，如此看法，恐怕又略显武断。"煮饽饽"在江南人的传统春节食俗里固然分量不重，但面食却早已在当地的日常生活里占有一席之地了。光是在沪宁高铁沿线，南京有"汤包"，无锡有"小笼"，上海则有"生煎馒头"。至于早些时候上海市民日常早点里著名的"四大金刚"（大饼、油条、粢饭、豆浆）里就有两种是面制品。以此观之，江南一带的著名面食几乎俯拾皆是。为何春节食俗里仍旧看重米食呢？

这恐怕就要从文化心态上去寻找原因了。长期的稻作生产方式使得江南地区民众在心理上不自觉产生一种对稻米的崇尚感。而小麦则被认为是一种性热的食物，不适合南方人食用。明代万历《南昌府志》的作者就说，"小麦……可为面……南方少雪，有毒"；在明末清初邻近上海的嘉兴府也还流行着小麦"北……益人，南方则否"的看法。

今天看来，这样的观点无疑是荒唐可笑的，但毕竟是"传统"的一部分。沪上过去有一句俗谚叫作"吃煞馒头不当饭"，就是指馒头是面制品，故吃得再多也不算吃过饭。无独有偶，扬州也有"粥饭常年不厌，面食三顿不香"之说。两者非常典型地反映了当地民众对稻米食品的认同程度。吴地风俗向来有"多奢少俭"之说。一年之中，又以过年时的食品最为丰富、精致。既然如此，在一年中最为隆重的春节里，本就被轻视的面食地位自然也就不如米制食品了。

吃的是口彩

不过，江南传统春节食俗里的米制食品又真的都是美味吗？这恐怕又未必了。《清嘉录》里记载了苏州的一种年饭：在过年前煮好饭但不吃，留到新年里食用。江淮一带也有这个习惯，煮年夜饭要用大铁锅，当晚吃剩的盛起来，留待初一中午开始吃"隔年陈饭"。从今天的健康学角度来说，隔夜饭滋味与营养显然不如新煮饭。如此做法，显然另有原因。

这其实就是为了在过去物资匮乏的时代特地制造一个岁有余粮的景象，祝福未来的生活。出于这种心态，春节的传统食品也大多被冠以喜庆的语词，这就形成江南春节食俗的另一个明显特征，也就是利用谐音的吉利词讨个好口彩。

比如，苏州、上海一带过去除夕要吃一道"安乐菜"。此名听上去令人垂涎，其实不过是酱茄子而已。"茄子"缘何会与"安乐"相关？"茄子"在江南又叫"落苏"，而"落""乐"在吴音里念法相同，因此取其吉利之意而已。一江之隔的扬州，也有类似的吉祥菜，比如"芋头"。"芋"谐音"遇"，象征遇到好人。扬州有俗谚曰："除夕吃芋头，一年四季不犯愁。"而在新年里，崇明、启东、海门又要吃赤豆饭，其原因也让外人想象不到，"赤豆"在当地方言里与"出头"同音，吃了赤豆饭，乃是指望混出头是也！可见无论现实是不是骨感，美好的愿望总归是要有的。

这种美好的愿望，便集中体现在了上海旧时春节前祭灶（王爷）的食品里。常见的祭灶食品有茨菇、老菱、芋艿、地栗。其实这些食物不见得好吃，纯粹是为了口彩而已。沪语"茨""是"同音，"茨菇"就是让灶王爷吃了以后只跟玉皇大帝汇报曰"是"。至于"老菱"意指"老灵"（很好），"芋艿"谐音"唔呐"（应声语），"地"则谐音"甜"。字莫不如此，无非百姓用来"贿赂"天上领导罢了。

实际上，即便是最被看重的两种江南新年食物——年糕与团子，它们身上也有吉利词的影子。年糕里的"糕"字，与"高"同音。"高"又可以被理解成"高升""高兴""高寿"，自然大吉大利。在春节这一喜庆日子里，人们吃着莹洁软糯的年糕，无疑也是在祝愿来年生活更甜美，万事如意年年高。团子或曰圆子也是一个道理，两字连在一起就是"团团圆圆"，恰与春节时期合家团聚的热烈氛围相符。

不过，江南春节食俗里最耐人寻味的一个口彩，倒是许多地方都有的"年年有余"。上海浦东地区年夜饭的最后一道菜必定是鱼，有的只吃中段不吃头尾，有的干脆一点不吃。之所以安排在最后一道，并且保留"尸身"，就是为了讨个"年年吃剩有余"的好口彩。

但与其他的口彩不同，除了常州与杭州，吴地方言里的"余""鱼"两字并不同音，"年年有余"其实谈不上谐音的吉利词了。这与闽南、台湾地区形成了有趣的对比。后者方言里"鱼""余"同样有别，所以对年夜饭中的鱼就尽管敞开吃不用留下。顺便说一句，台湾地区过年时反而重视吃鸡，这其实也是因为台湾闽南话"鸡""家"同音，故有"吃鸡起家"之说。

为什么江南会形成"年年有余"的口彩呢？这无疑与历史上大运河沟通南北，江南与中原交往密切有关。邓云乡先生曾说，旧时北京社会食重南味，曲尚南曲，衣着讲南式，园林效苏杭。其实文化交流是双向的，所以江南人最为看重的春节食俗里也出现了鱼。"年年有余"这个口彩的存在，恐怕也是江南文化开放包容的特性使然了。

◇ 菜 谱 · 炸 年 糕 ◇

年糕是江南一带过年时的重要食品。

主料：糯米、粳米

配料：猪油、白糖、桂花酱、花生油少许

做法：将糯米和粳米洗净、浸透，然后加水磨成粉浆，装入布袋内压干水分；
　　　将粉浆放入盆内，加入猪油、白糖和桂花酱搅匀；在方盘内刷上花生油，
　　　把搅好的粉团放入盘内摊平，上屉用旺火蒸约 30 钟便熟；凉后切成
　　　长方块，然后放入花生油锅中以中火炸透即可。

　　在中式筵席里，鲍鱼当然是一种珍味，有人甚至将其称作"海族之冠"。有趣的是，若是较真，所谓的"鲍鱼"倒是应该写成"鳆鱼"才是。

古人好鳆

　　从史籍记载来看，最晚到汉朝，鳆鱼已经在上层人物的餐桌上风行。这就是北宋的大诗人兼大美食家苏东坡在《鳆鱼行》里所提到的"两雄一律盗汉家，嗜好亦若肩相差"。诗中的"两雄"，便是篡了西汉的王莽与篡了东汉的曹操。两人都有一个爱好，喜欢吃鳆鱼。王莽当上新朝皇帝没多久，天下义兵四起，绿林、赤眉两股势力日益强大。王莽的心情自然好不到哪里去。不过，就算在饭也吃不下的忧虑心情下，王莽还是没有忘记喝酒吃鳆鱼。班固在《汉书》里写下"莽忧懑不能食，亶饮酒，啖鳆鱼"这句话的本意当然是嘲讽乱臣贼子王莽的窘态，却也在无意之中揭示了鳆鱼的美味。至于奸雄曹操，他也是一位热衷鳆鱼的吃货。以至于他去世后，儿子曹植祭奠其父时，总要把鳆鱼当作贡品——因为"先主（指曹操）喜食鳆鱼，前已表徐州刺史臧霸送鳆鱼二百"。

魏国的京城在洛阳。曹植之所以舍近求远，要求徐州臧霸送来鳆鱼，是因为当时的徐州（相当于今天的苏北及鲁南一带）地近鳆鱼产地。古时的鳆鱼多产于山东沿海，尤以胶东半岛出产者为绝品。起码到南朝时期，江南人尚不知从本地海域采捕鳆鱼。《南史·褚彦回传》这样记载，"时淮北属，江南无复鳆鱼"，于是鳆鱼身价倍增，一只贵至三千钱。"三千钱"是个什么概念呢？据同时期的《齐民要术》里说，到劳务市场出一天三十钱的工资，工人都会抢着来干活。换句话说，雇工不吃不喝干三个来月，就可以买得起一只鳆鱼了。西晋前期以奢靡著称的何曾一天伙食费高达一万钱，他还觉得没有下筷子的地方。但要是换在南北朝时的江南，一万钱也就能买三只鳆鱼而已，每天光吃这点，不饿死也难。当时，褚渊（字彦回，435—482 年）的好友送给他 30 只鳆鱼，实在可以说是一份厚礼。褚渊虽然做了南朝宋文帝（424—453 年在位）的驸马，仍旧十分清贫。于是他的门生建议："不如把鳆鱼卖掉，换得十万钱。"谁知褚渊听后竟十分生气，厉声对门生说："我虽然贫寒，但再穷也不能拿朋友送的珍贵礼物去发财。"说罢就将这些鳆鱼煮熟和家人一起分着吃了。纵观褚渊其人，虽因坐视萧道成篡宋而名节有亏，但这个不爱钱财典故中的他，颇有值得赞誉之处。

到了宋代，人们对海珍品开始品头论足，好事者甚至排列美食位次，不少人已将鳆鱼奉为海珍之首。其中表现抢眼的就是苏轼。这位老饕在出任登州（今山东烟台一带）知府时有幸在当地吃到了鳆鱼，简直赞不绝口。在他看来，酒席宴上鳆鱼是压倒一切的美肴，过去被人津津乐道的肉芝、石耳、醋芼、鱼皮等佳肴，若与鳆鱼相比，都得甘拜下风。晚些时候，金代诗人刘迎在《鳆鱼》诗里也感叹，过去总是夸奖江瑶柱（干贝）鲜美，吃过鳆鱼后，才知鳆鱼之鲜美更胜于江瑶柱。希望以后在宴席中鳆鱼不要论数计算，越多越好。此公直言对美食的渴望，可以说是很诚实了。

既然如此，达官显贵的餐桌上自然也少不得鳆鱼（当时已有"鲍鱼"的说法）。明朝的万历皇帝最喜欢用鲍鱼、海参、鱼翅共烩一处，名为"烩三事"，"恒喜用焉"。清朝乾隆南巡时，接驾菜中就有"鲍鱼珍珠菜"。这道菜是用极嫩的玉米棒烩制鲍鱼，以鸡汁入味，醇和汁浓，食之丰腴细嫩。大美食家袁枚对于吃鲍鱼也有自己的心得。《随园食单》记载："鳆鱼炒薄片甚佳，杨中丞家削片入鸡汤豆腐中，号称'鳆鱼豆腐'，上加陈糟油浇之。庄太守用大块鳆鱼煨整鸭，亦别有风趣。"据说，当时沿海各地高官上京面圣时，大都进贡干鲍，一品官吏进贡一头鲍鱼，七品官吏进贡七头鲍鱼，以此类推。一头鲍鱼就是1斤（清代1斤约等于现在的590克）仅有1只鲍鱼，七头鲍鱼是1斤有7只鲍鱼。前者的价格比后者可能要高出十来倍。晚至民国年间，北京著名的官府菜代表谭家菜里就有两道名菜，名曰"红烧鲍鱼"与"蚝油鲍鱼"。

张冠李戴

　　然而，早期中国古籍里所说的"鲍鱼"两字，与今天所指之物根本大相径庭。"鲍"这个字，在东汉的《说文解字》里就有记载，"鲍，饐鱼也"。"饐"的意思是食物经久而变味腐臭。以此看来，"鲍"就是一种处理鱼的方式，即腌渍。而"鲍鱼"指的自然也就是"盐渍咸鱼"了。盐渍咸鱼散发出的味道自然非常浓烈，无怪乎《孔子家语·六木》会留下"与不善人居，如入鲍鱼之肆，久而不闻其臭"这样的千古名言了。同样道理，公元前 210 年，秦始皇在巡游天下途中去世。秘不发丧的李斯、赵高等人为掩人耳目，才会想出"乃诏从官令车载一石鲍鱼"的主意。这正是用盛夏时节鲍鱼的腥臭味来遮盖始皇帝尸体腐烂发出的恶臭而已。

　　反观现代所称的"鲍鱼"，似乎不太可能散发如此浓烈刺鼻的恶臭。虽然名字里有个"鱼"字，但与"鲸鱼""鳄鱼"乃至"娃娃鱼"（大鲵）一样，如今概念里的"鲍鱼"根本与鱼类毫无瓜葛。它反倒是跟田螺之类沾亲带故，是一种海洋腹足纲软体动物——也就是海螺。其外形如同人的耳朵，所以在英语里有个别称就叫作"海耳"（sea ears）。鲍鱼有一个墨绿色低扁而宽的贝壳，螺旋部只留痕迹，占全壳的极小部分。壳表面粗糙而坚硬，壳的边缘有七个或九个呼吸小孔，像是谁给扎的一溜耳眼，有的地方叫"七孔螺"或"九孔螺"。古人最初发现鲍鱼时，鲍鱼以腹部在海底爬行，所以人们把它叫作"鳆鱼"。《说文解字》里就写道，"鳆，海鱼也"。其实，腹部肌肉就是它的足，通称"腹足"。

　　既然原本叫"鳆鱼"，后来又是如何跟咸鱼的泛称"鲍鱼"混淆起来的呢？这就是明代音韵学家陈第在《毛诗古音考》中所总结的"时有古今，地有南北，字有更革，音有转移"。考察"鳆"这个字，在北宋成书的《切韵》与《集韵》里都有"房六切"这个"反切"（前字切声母，后字切韵母和声调）。《阿房宫赋》的读者或多或少都了解，"房"这个字，其古代声母读作重唇音，跟"旁"一样。所以唐代学者颜师古在为"鳆"字做注释的时候就提到，其读音"与薄同"。晚唐以后，汉语里的轻唇音（f、v）从重唇音（p、b）里分化了出来，所以"鳆"这个字今天要读成"复"这个音。但在民间口语里，"鳆"的重唇音读法仍旧延续了下来，变得与书面文字脱节，反而跟"鲍"的读音相类似。因此明代人谢肇淛在《五杂组》已经发现，"鳆音扑，入声，今人读作鲍，非也"。清代的金埴也在《巾箱说》里记载，当时的北方人"呼鳆鱼为庖鱼"。受其影响，很快"南方亦相率呼为庖"了。

　　大体到了明清年间，"鳆鱼"就颇有些莫名其妙地变成了"鲍鱼"。对于这样的"张冠李戴"，古人其实还是相当清楚的。乾隆五十五年（1790 年）的进士桂馥在《札朴》中说："登州以鲍鱼为珍品。案：即鳆鱼。"比之稍晚些时候，嘉庆年间（1796—1820 年）的进士，官至户部主事的郝懿行在《晒书堂集》里也指出："通作'鲍鱼'，文字假借，古人弗禁也。"

不只稀为贵

这些古代文士纷纷要替当时世人口中的"鲍鱼"正名，自然是因为"鳆鱼"乃是一种海中珍味，远非腥臭的"鲍鱼"可比。从汉代到现在，历时 2000 多年，鲍鱼为何能够得到历朝历代食客的青睐呢？鲍鱼肉是指鲍鱼的腹足，除鲜食外，可加工成罐头或鲍鱼干，其味鲜美。南宋词人周密就把可以吃到鲜活的鲍鱼，比作"口腹之嗜，无不极其至"。

美味当然是个成为美食的"必要条件"，但能够上升到"珍味"的地步，还是与鲍鱼的数量有关——毕竟，"物以稀为贵"是亘古不变的道理。一方面，鲍鱼在贝类家族中本就属于生长比较慢的种类。据说由幼鲍长至壳长 7 厘米可以上市需要 3 年多的时间。

另一方面，纵然幼鲍长成，捕捞起来也不是件容易的事情。按照乾隆年间成书的《乾隆诸城县志》的说法，"鳆鱼附石崖，善没者入水取之……非若他鱼可举网得也"。鲍鱼生活在海底礁石上，比起有的鱼类撒网即可捕获，获得鲍鱼要困难得多。捕捞者往往将麻绳一头系在腰上（另一头绑在舵尾），然后屏一口气，潜到水下五六十丈（约

20米）的地方。古时无现代潜水设备，仅凭渔人水性，顶着海上的狂风巨浪，在深水处作业，听来已然令人却步。就是用长柄铲从岩石上获得鲍鱼，也要有一定工具和技巧。鲍鱼的吸附力很强，必眼明手快、出其不意方能取下。否则，一俟鲍鱼有察，死死粘在岩上，则会功亏一篑。《渊鉴类函》这样记载："海人泅水取之，乘其不知，用力一捞则得。苟知觉，虽斧凿亦不脱矣。"为此，有着丰富的鲍鱼捕捞经验的胶州渔民总结，"故海错惟此种最难取"。

除珍稀难得之外，鲍鱼的名贵之处，还与中国传统饮食文化中食补的学说有关。中国古代食家一直认为鲍鱼是一种对身体十分有益的滋补食物。李时珍更是说鲍鱼"主治目障翳痛，青盲。久服，益精轻身"。

既然药食俱佳，食客对鲍鱼趋之若鹜本已在意料之中。更何况，"鲍鱼"取代"鳆鱼"成为通名之后，形成了一个意想不到的效果。"鲍者包也，鱼者余也"，"鲍鱼"的谐音即是"包余"，寓意钱包里有用之不尽的余钱。由于这个原因，在讲究口彩的食客眼中，鲍鱼俨然成为餐桌上必备的吉利菜之一。

这些看法当然不是无懈可击的。一些人就揶揄，以大量老鸡火腿高汤长时间烹煮猪肉，猪肉味道也会和鲍鱼一样。另外一些论者则从营养学角度出发，指出鲍鱼和鸡蛋所含的蛋白质相差不大，在其他营养成分如钙、铁、锌、硒、维生素的含量上也没有特别的优势，在提供营养方面，和其他海产品相差不多。虽然如此，直到现在，在大众的心目中，鲍鱼仍旧是清代学者王士禛在《香祖笔记》里称赞的"海族之冠"。至于它指代"咸鱼"的本义，恐怕早已湮没在了历史之中。

◇ 菜 谱 · 红 烧 鲍 鱼 ◇

红烧鲍鱼是谭家菜里的一道名菜。

主料：鲍鱼

配料：老鸡、老鸭、葱、姜、鲍鱼酱、上汤、鸡汁、鸡粉、鸡油、生油、盐、湿淀粉等

做法：将活鲍鱼宰杀，去内脏，留肉用牙刷刷干净；在砂锅底部垫鸡、鸭骨块，加汤，上面将处理干净的鲍鱼摆上，以水没过鲍鱼为准；中火烧开，小火煨 8~9 小时即可，将煨透入味的鲍鱼装盘；另起锅加汤、加调味品，调准口味及色泽，用生粉勾芡加明油浇在煲好的鲍鱼上即成。

与苏东坡一起吃饭：猪肉如何占领中国人的餐桌？

众所周知，苏轼是北宋时的大诗人。他的另一个身份，是美食家。苏轼的许多诗歌，都直接用食物名当作诗名，如《鳊鱼》《豆粥》《四月十一日初食荔枝》等。而在他留下的诗篇里，人们可以读到"蒌蒿满地芦芽短，正是河豚欲上时"，也可以读到"土人顿顿食薯芋，荐以熏鼠烧蝙蝠。旧闻蜜唧尝呕吐，稍近虾蟆缘习俗"。由此可见，东坡先生不但拼死吃河豚，而且就连老鼠与蝙蝠都是他尝过的野味。

在苏轼的诗里，可以看到整个中华美食世界。而提到苏轼钟爱的美食，自然不能不说猪肉。苏轼被贬黄州（今湖北省黄冈市）时，曾多次到黄州城外的赤壁山游览，写下了《赤壁赋》《后赤壁赋》《念奴娇·赤壁怀古》等千古名作。与此同时，他也在研究烹饪佳肴。在黄州，猪肉十分丰美，价却极贱，但"贵者不肯吃，贫者不解煮"。苏东坡在《猪肉颂》里写道："猪肉颂净洗铛，少著水，柴头罨烟焰不起。待他自熟莫催他，火候足时他自美。"

东坡先生的这套做法，让物美价廉的猪肉更加美味。

后来，苏轼赴任杭州。此时的西湖已被葑草淹没了大半。于是，他发动数万民工除葑田、疏湖港，用挖起来的泥堆筑了长堤，此堤后来被称为苏堤，使天下闻名的西湖免遭淤塞，风景长存。传说，为了感激苏东坡，过春节时，杭州城中百姓抬猪担酒来给他拜年。苏东坡盛情难却，便收下了猪肉，又叫家人把肉切成方块，用自家的烹调方法烧制，连酒一起送回。老百姓看到苏东坡不忘黎民，遂将他送来的这些香飘味美的猪肉叫作"东坡肉"。

猪肉 PK 羊肉

猪肉是苏轼喜爱的佳肴，而在中国的餐桌上，它同样历史悠久。早在先秦时代，中国就出现了"六畜"之说。所谓"六畜"，包括马、牛、羊、猪、狗、鸡。"六畜"除去产地基本不在中原并多被用来骑乘的马之外，其余五种再加上鱼，构成了古代中国人肉类食物的主要部分。其中，牛、羊、猪又居于特别重要的地位。周代的《礼记》将牛、羊、猪称为"大牢"，系唯国君及卿大夫才有资格享用的佳品。至于底层百姓，一如汉代的《盐铁论》所说，"非祭祀无酒肉"，通常只能在逢年过节及庆典时将吃肉作为一种享受。

牛肉虽然贵为"大牢"之一，上古时期亦被用于祭祀与食用。但自从春秋后期铁犁、牛耕出现后，牛成为重要的劳动工具，历朝历代三令五申禁止宰杀耕牛，~~如唐武~~ 如唐武宗所言，"牛，稼穑之资，中国禁人屠宰"，牛肉遂逐渐淡出肉食行列。至于《水浒传》中大块吃牛肉的描写，实是梁山好汉对统治秩序的一种挑战。

除牛肉之外，同在"大牢"之列的羊肉与猪肉曾一度在中国人的餐桌上平分秋色。汉代即有"千足羊""泽中千足彘"的记载，足见养猪与养羊难分伯仲。

1983年6月9日，有着2000多年历史的西汉南越王墓在广州象岗山被发现。闻讯赶来的考古工作者在这里发现了从"文帝行玺"龙钮金印、丝缕玉衣，到角形玉杯、波斯银盒和深蓝色玻璃片在内的一系列珍贵文物。但最令广大吃货感兴趣的莫过于随葬品里让人眼花缭乱的烹饪器具。其中有设计精妙的烤炉：下面自带滑轮，方便吃哪移哪；上面四角翘起，防止食物滑落。烤炉旁还置备有两齿的和三齿的铁叉各一支，长83厘米，很可能是用来叉烤小乳猪的。因为在出土的方形小烤炉壁上铸有4头小乳猪，猪四足撑起不着地，猪嘴朝天。在这烤炉的旁边，有一个铜鼎，铜鼎内也发现乳猪的遗骨。由此看来，当年安居广州城的南越国王似乎早已享用到了"脆皮乳猪"。

南北朝时期杰出的农学家贾思勰在名著《齐民要术》中也记载了"炙豚"的做法。炙豚需要选用还在吃奶的肥壮小猪，贾思勰称之为"乳下猪"。这也是"乳猪"之名，首次见诸史籍。接下来，将其刮毛洗净之后，剖开肚皮，掏去五脏，再洗净。将茅草塞在腹腔里，装得满满的。再用坚硬的柞木棍穿起来，慢火，隔远点烤炙着。一面烤，一面不停地转动，使其均匀受火，防止枯焦。在烧烤过程中，要用漉过的清酒反复涂上，让它出现好的颜色。同时用白净的新鲜炼猪油（或者麻油）不停涂抹。这样的炙豚当然是一道佳肴。用贾思勰的说法来说，这道菜上桌之后，"色同琥珀，又类真金；入口则消，状若凌雪，含浆膏润，特异凡常也"。这段文字读来便令人馋涎欲滴。

只不过，在进入魏晋以后，猪的饲养规模已经开始萎缩。南北朝时期入主中原的鲜卑人原来是个逐水草而居的游牧民族，相比猪肉，他们更青睐羊肉的味道。羊肉从此成为中国人的主要肉食长达千年之久。南北朝时期的《洛阳伽蓝记》已称"羊者是陆产之最"。唐代文人笔下经常出现的是"羊羔美酒"，猪肉却鲜有提及。这从唐代《太平广记》中有关肉类的记述总共有105处，羊肉独占47处，而猪肉只有12处，便可见一斑。《太平广记》甚至有佛教在家居士亦不能断除羊肉的记述。"唐姚待。梓州人。常持金刚经"，但是当周遭有人杀羊并招呼其同吃时，他还是会忍不住去吃。这从侧面反映出，吃羊肉已经成为人们生活中的常态。羊肉饮食经过唐代的高速发展，在宋代已成社会时尚，所谓"苏文熟，吃羊肉；苏文生，吃菜根"。宋朝宫廷御厨一年开销羊肉43万斤（唐代以后，1斤约相当于现在的600斤，以下不再做出说明），而猪肉只有4100斤，"御厨止用羊肉"甚至成了两宋皇室的"祖宗家法"。到了蒙古族入主中原建立元代，羊肉更是独占鳌头，非但蒙古人以之为主食，汉人食用羊肉亦同样普遍，就连风行高丽（今朝鲜半岛一带)的汉语口语教科书《老乞大》也说"做汉儿饭",有羊和鸡。

然而,羊肉占优的局面到了明代以后为之一变,猪肉成功翻盘。明代初期的永乐年间留下的一份御膳菜单显示的食材包括羊肉 5 斤及猪肉 6 斤,羊肉渐落下风;到明代后期,光禄寺留下的宫廷岁用牲口数记录则是 18900 口猪,10750 头羊,猪肉已是后来居上。清代的猪强羊弱势头更加明显,每过春节,京城常常要杀猪近 10 万头。1784 年的除夕大宴,乾隆皇帝一桌就用去猪肉 65 斤及野猪肉 25 斤,而羊肉只有 20 斤。等到解放初期的 1952 年,中国已拥有 8976 万口猪,而羊仅有 6177 万头。直至今日,猪肉的数量优势已经不可动摇,猪的年产量竟达羊的 10 倍,经过 2000 年与羊肉的 PK 之后,猪肉终于"逆袭"成功了。

人多地少的选择

在猪肉地位持续提升的明代,曾发生过一段颇值得玩味的小插曲。正德十四年(1519 年),因"猪"与明代皇帝"朱"姓同音,明武宗生肖又属猪,杀猪遂被看成大逆不道之事,被皇帝严令禁止,违者及家小"发极边永远充军",且流犯死于流放地后,家口也不许还乡。由此农民把家里养的猪,杀净吃光,连小猪也一起扔掉,生猪和猪肉一时间在市场上绝迹。但根据《浙江通志》等的记载,在这一荒唐的猪禁时期,百姓"陈氏穴地养之,遂传其种"。

百姓用各种手段抵制禁令，连士大夫也束手无策。正德十五年（1520 年），礼部上奏说，国家的正常祭典都要用牛猪羊三牲，猪肉绝迹，实在不成礼法，由此迫使武宗自食其言，"内批仍用豕"。禁猪令发布仅三个月便宣告失败。可见，即使是封建君主的权威，也无法遏制养猪兴起的趋势。

猪肉在明清时代取羊肉而代之只是这一时期中国社会经济变化的一个缩影。长期以来，中国古代处于自然经济形态，"这种个体的小农经济，决定着农业与畜牧业总是天然地结合在一起"。而且养殖牲畜通常都是作为家庭副业来进行的，杜牧在《清明》中写"借问酒家何处有，牧童遥指杏花村"，诗歌中的牧童形象向我们展示了民间畜牧业的普遍性。

但是到了明清时代，中国人口站稳了 1 亿的台阶，并在引进的美洲农作物（甘薯、马铃薯、玉米）的帮助下接连跃过了 2 亿，3 亿，4 亿，终于在太平天国运动前达到传统农业社会人口的最高峰——4.3 亿。随着中国人口达到空前规模，人均占有的土地日益减少，在"寸土无闲"的情况下，在有限的土地上从事畜牧生产将越来越不足以维持基本的食物能量需求，人们必将被迫越来越多地牺牲美味的肉食，逐渐降低畜牧生产的比重，同时增加谷物生产的比重——因为占据同样面积，种植业可以养活的人口是畜牧业的 10 倍以上。

明清人口爆炸的另一个结果是劳动力过剩，导致部分农户甚至放弃了在农耕中起重要作用的牛的养殖，改由人来犁地。《雍正南汇县志》载："耕旱田或以牛，或以四齿锄。"宋应星在《天工开物》里一本正经地计算后更是认为，牛力完全可以由人力替代，这实在也是令人悲哀的事实。

人多地少，两者殊途同归，导致明清以后中国种植业一枝独秀，牲畜养殖业显著衰退。

为什么是猪不是羊？

但是，养猪情况却有所不同。一方面，猪对饲料的要求远远比其他牲畜要简单得多：可以吃人不愿意食用的一些下脚料，如剩菜、糠麸等；临时野放时也可以吃植物的地上部分，甚至可以吃地下部分。人们总会有残羹剩菜，借助人不能吃的剩余农副产品，一个家庭一年养1~2头猪，是可以做得到的。

另一方面，可能比提供肉食更重要的是，养猪可以提供大田所需的肥料。虽然猪不能像牛那样为大田生产提供动力，但中国很早就废除了土地的休耕制度，牲畜的粪便作为肥料对于恢复土壤的肥力起到了重要作用。清代蒲松龄在《农桑经》中说道："岁与一猪，使养之，卖后只取其本，一年积粪二十车，多者按车给价，少者使卖猪赔补。"即一头猪一年能够积肥20车，能够很好地促进粮食增产，"棚中猪多，囷中米多，养猪乃种田之要务"。这正适合明清时期农区发展种植业的需要，因此猪的养殖反而出现了欣欣向荣的局面。

这些养猪的优点偏偏是养羊的劣势。诚然，养羊亦可以与养猪一样提供农业种植所需要的肥料，所谓"羊壅宜于地，猪壅宜于田"，还可以提供猪所无法提供的服装原料。但养羊通常需要较为广阔的牧场，可人口稠密的农区却已无荒闲之地可以用于放牧。而自从汉代起，出于积肥的需要，出现了各种形式的猪圈，中国的养猪业便由以放牧为主转向以舍饲为主。舍饲不需要多少土地，也不会在人口聚集的乡村导致邻里纠纷。清代《嘉庆合肥县志》就特意提到养猪要设圈，"不得野放"，"免生邻衅"。

明清时期，在人多地少矛盾十分突出的长江三角洲太湖流域，从北方引进的山羊失去了唐代或唐代以前听任"食野草、毒草"、有较大牧场的环境，也被圈养在家，进行世界罕见的舍饲或半舍饲。但即使在同样舍饲的情况下，养羊依旧不如养猪合算。这是因为猪的食性更杂，对饲料无甚要求，水生植物类、发酵青饲料类、发芽饲料皆可，明代还有人用蝗虫喂猪，结果"猪初重二十斤，旬日肥大至五十余斤"。而羊需以含有高度纤维素的植物为食料，明代的《沈氏农书》记载，在江南地区养山羊十一只，一年需要饲料一万五千斤，其中农户自己提供的只有一千余斤桑叶，剩余的枯草、枯叶各七千斤都需要从别处购买，总共需要六两银子，在当时这是一笔相当大的开支。

此外，猪是把碳水化合物转化为蛋白质和脂肪的效率最高的动物之一。明朝浙江嘉兴府早有"肉猪一年饲养两槽，一头肉猪饲养 6 个月可得白肉 90 斤"的记录。而《民国上海县续志》更记载："豕，邑产皮厚而宽，有重至二百余斤者。"在提供肉食总量方面，根据《膳夫经手录》所说，"羊之大者不过五六十斤"，与猪相差甚远。更不用说猪的繁育能力远胜于羊，明朝时已有"母猪一胎可育仔十四头"的历史记载了。

因此，在封建社会后期（明清时期），在人多地少情况逐渐加深的农业地区，越来越多的人顺理成章地选择从事与农耕紧密结合起来的养猪业（而非养羊业）。除了因宗教禁忌不食猪肉的兄弟民族之外，在基本上以素食为主的中国人的生活中，从养猪中所获得的猪肉，占据着中国人日常动物蛋白质来源的最大份额，成为压倒性的主要肉食来源，比其他所有陆地动物都更为重要。"它是富人的日常肉食，穷人的节庆膳食，油和工业产品的来源，生活中不可缺少的东西。它是如此常见，以致中国的饲养场拥有世界上绝大部分的猪"，直到今天。

天下食猪

明代的医学家李时珍在《本草纲目》里写道："猪，天下畜之。"化用这句话就是：猪肉，"天下食之"。就连在帝国边陲"彩云之南"，也很早就有烤乳猪这道菜。

根据《徐霞客游记·滇游日记》里的文字描述，"木公之子"曾宴请过明代的著名旅行家徐霞客。"肴味中有柔猪"，徐霞客品尝后，询问其制作方法。"柔猪乃五六斤小猪，以米饭喂成者，其骨俱柔脆，全体炙之，乃切片以食。"很容易看出，这道"火烤柔猪"其实就是今天的"烤乳猪"。

明亡清兴，爱新觉罗皇室出自满族。满族人的饮食生活几乎处处离不开猪。在满族人办婚、丧事时，流行制作一种叫"猪八样"的宴席，即将猪头、肩胛肉、肋条肉、肘子、蹄子、肚、肝、肠用不同的烹调方法制成八种不同的菜肴。

清代的大学者袁枚同时也是一位大吃货，他的《随园食单》堪称当时食客的一部"圣经"。其中就记载了一道"烧猪肉"的做法：取六七斤重的小猪，钳毛去污，上炭火炙之，待四面变深黄色时，涂以奶酥油，屡炙屡涂。这时的烧猪肉是先烤内腔，再烤外皮，这样烤出的小猪脆嫩鲜美，别具一格。用袁枚的话说，就是"先炙里面肉，使油膏走入皮内，则皮松脆而味不走。若先炙皮，则肉上之油尽落火上，皮既焦硬，味亦不佳"。由此可见，300多年的"烧猪肉"与今日概念里的"烤乳猪"，所相差者恐怕只是名字。我国在烤乳猪的技术方面，至清代中期终于臻于完美的境地。

这种烧猪肉在当时的满族人中间也很流行。在清代早期，其制法是将乳猪（刚生下不超过半月的猪）宰杀、处理干净后，用稀黄泥涂裹其全身，埋于炭火内烧熟，再将黄泥拆解，以刀割之，蘸盐或其他调料而食。这与现在夏威夷群岛土著居民喜爱的"土坑烤猪"有相似之处。后来发展为将乳猪治净，用白酒、黄酒、蜂蜜水和盐在猪体里外抹匀擦透，再用铁钎插入猪身，将其担在盛炭火的盆架上，以炭火烤之，边烤边抹油，至熟为止。《随园食单》还在"烧猪肉"相关内容里专门加了一句"旗人有单用酒、秋油蒸者"，表明满族人制作烤乳猪的手法有自己的独到之处。

在清代，紫禁城的主人们也喜欢吃烤乳猪。同治、光绪年间，清帝大权旁落，慈禧太后执政。曾担任过慈禧御前女官的裕德龄（德龄公主）在自己的《清宫二年记》里记载："熏炙一类的东西，似乎最合太后的口味，象烤鸭、烧乳猪、熏鸡、煨羊腿等，差不多是不断地会供呈上来的……宫里头的烹调法，多少总比外面更考究些。"不过，就像裕德龄告诉读者的那样，"这些东西当然不是什么稀品，寻常的百姓们在外面的酒菜馆里也可以享受得到"。珍妃的堂侄孙，民国著名美食家唐鲁孙回忆，彼时北京城里的盒子铺专做烤乳猪生意。纯粹用钢叉挑着肉在炭火上转着烤熟的乳猪，"皮酥而脆，肉细而嫩，最妙是滑香腴润毫不腻口"，广受老饕们好评。

在距离京城遥远的广东，烤乳猪也是粤菜里的"当家菜"。就像民国著名记者郁慕侠所说："（广东人）惟独对于吃的问题，是非常华贵、非常考究。"出于这个原因，粤菜极为看重食材产地。清人吴震方在《岭南杂记》里就说，粤北南雄有一种龙猪，"皮薄肉嫩，与常猪不类"。如此上等的乳猪原料，自然"广城亦重之"了。上好的粤式烤乳猪，色泽油亮，外皮呈大红色，皮酥肉嫩，入口奇香。有人因此认为，烤乳猪已经成为"广东的首席名菜"。

话说回来，无论是广东还是其他地方的烤乳猪，有一点倒是相同的：烤乳猪一定要现烤现吃。若等到乳猪变凉，则皮不酥脆，饼已枯韧，风味大减。趁热吃一口乳猪，呷一口酒，可使酒兴大发，食欲大振。这岂非人间一桩乐事乎？

◇ 菜 谱 · 粤 氏 烤 乳 猪 ◇

"烤乳猪"是粤菜的代表，也是猪肉占据国人餐桌的一个缩影。

主料：乳猪

配料：糖、醋、香油、腐乳、五香粉、食盐、调味酱等

做法：将乳猪宰杀洗净后，把五香粉和食盐涂抹于乳猪腹腔内；腌制半小时后，再将调味酱、腐乳等多种调料涂抹于腹腔，又腌制半小时；然后用沸水烫皮，再涂上糖、醋，用小火烘烤半小时，直至肉熟；烘烤完毕后，取出乳猪，在其表面刷上一层香油；最后用刀片将猪皮（不可带肉）切成 32 块，整只上桌。

❹

兼容并蓄的融合：传说里的满汉全席

『满汉全席』是清宫御膳吗？

『草根』本帮菜如何站稳上海滩？

『食在广州』从何而来？

『佛跳墙』何以成为『闽菜之王』？

澳门的『葡国菜』：不是中餐，也不是西餐

舶来的辣椒，如何征服了国人的胃？

满汉全席被许多人认为汇聚了我国各路菜系传统名菜的精华，代表了中国菜肴的最高水平。作为中国最著名的古典宴席，满汉全席以国仪讲究、菜肴精美、技艺精湛而驰名中外。传说它最初在清代宫廷产生，当时是作为权力象征出现的，要体现出皇家气派，而后在追求皇家饮食文化的体验和夸富心理的驱使下流行于民间……

皇帝肚里能盛饭

"宰相肚里可撑船"，这是人所共知的一句俗话。可是，皇上肚里能盛饭，大家未必都知其详。比如，清代皇帝习惯上每天只吃两餐，叫"早膳"和"晚膳"。早膳一般在卯正以后即早晨六七点钟。晚膳时间在午、未两个时辰，约 12 点至 14 点。

可是，清代皇帝每餐要吃多少食物？根据清代野史，昭梿所著《啸亭杂录》记载，乾隆帝"自奉俭率，深惜物力……御膳房日用五十金，上屡加核减，至末年岁用仅二万余金，近侍虽告匮，不顾也"。而《清稗类钞》则记载，乾隆帝一次召见臣下汪文端，问："卿昧爽（拂晓之时）趋朝，在家亦曾吃点心否？"汪对曰："臣家贫，晨餐不过鸡蛋四枚而已。"皇上愕然曰："鸡蛋一枚需十金，四枚则四十金矣。朕尚不敢如此纵欲，卿乃自言贫乎？"汪不敢质言，则诡词以对曰："外间所售鸡子皆残破，不中上供者，臣故能以贱直得之，每枚不过数文而已。"要是这两则故事都是真的，乾隆皇帝一天连鸡蛋都不敢吃，不饿死就不错了。

实际情况当然不是这样。内务府从皇帝的伙食费里大捞一把当然是宫廷"潜规则"。乾隆的孙子道光皇帝就发现，前门外福兴饭庄的一道豆腐烧猪肝，每碗只需大钱40文。可是到了紫禁城的御膳房，只做一碗豆腐烧猪肝，一个月居然也能报账近2000两银子。但这并不意味着这些奴才真敢让皇帝吃不饱。根据《起居住》的记载，御膳房每天要为乾隆皇帝准备如下：盘肉22斤、汤肉5斤、猪油1斤、羊2只、鸡5只、鸭3只，白菜、菠菜、香菜、芹菜、韭菜等共10斤，包瓜、冬瓜各1斤，葱6斤，玉泉酒4两、玉泉水12罐、茶叶75包，还有燕窝、鱼翅、鸭丝、鸽蛋、鲤鱼、米、面、油、盐、山珍、海味、山果、干菜若干。许多原料都是全国各地的进贡品，数量颇为可观。

乾隆皇帝当政时毕竟是个成年人，末代皇帝溥仪退位时只有 6 岁，他吃到的又是什么呢？据史料的记载，宣统二年（1910 年）时，溥仪自己，加上清宫的几位太后，一家六口人，每月要用各类肉食 3690 斤，用鸡、鸭 388 只。单是溥仪一人每月用肉就达 811 斤，用鸡、鸭 240 只。按鸡、鸭每只 3 斤，宫中每日 2 餐计算，一个当时只有 5 岁的孩子，每餐竟然要吃近 30 斤肉。这恐怕连《水浒传》中一顿饭能吃个肘子的花和尚鲁智深也要自愧不如了。在东暖阁用膳的溥仪，在狼吞虎咽地吃着山珍海味时，如果偶一抬头，见墙上挂着的光绪写的"节用爱民"4 个字，不知他会有何感想。

御膳到底吃什么？

从史料里看，清代皇帝们的御膳原料品主要是猪羊肉、蔬菜，也有鸡鸭肉等。照例是不准吃牛肉的，这是因为爱新觉罗家族的老祖宗皇太极（清太宗）早有上谕，说："牛驴以供负载，羊豕牲畜以资食用。"譬如乾隆六十年（1795 年）正月初一，乾隆的晚膳就包括鹿肠鹿肚热锅一品、燕山药酒炖鸭子热锅一品、肥鸡鸡冠肉热锅一品、山药葱椒鸡羹热锅一品、托汤鸡一品、羊肚片一品、燕窝烩鸭子一品、清蒸关东鸭子鹿尾攒盘一品、烧肥狍肉攒盘一品、象眼小馒首一品、白糖油糕一品、年年糕一品、小菜五品、咸肉一碟、粳米干膳一品。从菜品看，虽然丰盛，却也看不到传说中的驼峰、熊掌、猴脑、猩唇、象鼻、豹胎、犀尾、鹿筋之类的名贵食材。

乾隆朝之后，清朝的国势江河日下，清宫的御膳却反而越来越豪华起来。那位坊间传言简朴到极点的"吝啬皇帝"道光其实一点也不委屈自己的胃口，鸦片战争战败后的道光二十三年（1843年）十月初六晚膳，道光皇帝就享用了：燕窝八仙锅子一品、三鲜苏烩锅子一品；大碗二品——燕窝如意卷肥鸡、万年青寿字酒肉；中碗四品——海参万字鸭羹、鹿筋酒炖羊肉、鸭子火熏白菜、八宝清炖肘子；怀碗二品——三鲜丸子、口蘑鸡片；小卖四品——鸡丝鱼翅、炒木须肉、清烩掌信、鲜蘑熘鸡；燕窝八仙汤、燕窝八仙面；点心二品——鸭子馅立桃、蒸食；寿意盒子一品、炸食二品、炉猪一品、炉鸭一品。无论是质量还是数量，都不知道比他的祖父乾隆皇帝高到哪里去了。

　　到了慈禧太后统治的同治、光绪两朝，大清朝廷糜烂到了极点，清宫的御膳却也豪华到了极点。老佛爷的一顿普通晚膳，就有火锅二品——八宝奶猪火锅、金银鸭子火锅，大碗菜四品——燕窝膺字锅烧鸭子、燕窝寿字三鲜肥鸡、燕窝多字红白鸡丝、燕窝福字什锦鸡丝，怀碗菜四品——燕窝白鸡丝、海制蜜制火腿、三鲜鸽蛋、大炒肉炖榆蘑，碟菜六品——燕窝拌锅烧鸭丝、口蘑烟鱼片、青笋凉肉胚、肉片焖玉兰片、碎熘鸡、煎鲜虾饼，片盘二品——挂炉鸭子、挂炉猪，饽饽四品，燕窝八仙汤，鸡丝卤面，以及猪肉四盘、羊肉四盘，等等。菜式比道光帝时期又有增加，不过距离坊间流传的满汉全席的差距，仍旧不可以道里计。

　　再说末代皇帝溥仪在紫禁城的时候，御前太监吩咐一声"传膳",御膳房里便很快准备好,由几十名太监抬着大小七张膳桌,捧着几十个绘有金龙的朱漆盒,浩浩荡荡地直奔养心殿而来,在东暖阁摆好。但实际上,这些菜肴摆上来之后,除了表示皇帝的排场之外,并无别的用处。溥仪对这些早已过了火候的东西,常常是连动也不动。皇帝吃的是隆裕太后送的菜肴,太后死后由四位太妃接着送。因为太后和太妃们都各有自己的膳房,用的都是高级厨师,做的菜肴美味可口,每餐也有二三十样菜,点心也更好吃些。一来二去,浪费惊人。甚至到了民国建立之后,在只剩下这么个不出紫禁城的"小朝廷"的情况下,逊帝溥仪的内务府的开支,居然还"超过了西太后的内务府的最高纪录",以至于"即使(民国政府)四百万元的优待费全部照付,也会入不敷出"……

等到溥仪被冯玉祥赶出故宫,寓居天津时,他的每餐菜品只有五六种,最多也不超过八个菜。到伪满洲国的"新京"(长春)第二次"登基",做了日本人的"儿皇帝"以后,每餐菜品也不多,一般六七种。每餐主食为大米、小米、高粱米三样;每餐副食基本是素的,豆腐、豆芽菜、烧白菜,仅有煎鸡蛋或摊鸡蛋;炒菜时一般使用花生油。这样的"御膳"标准实在难以令人联想起以豪华著称的满汉全席。

满汉全席何处来？

那么，"满汉全席"之说究竟从何处而来？清代中期的李斗所写的《扬州画舫录》出现了"满、汉席"的说法，"上买卖街前后寺观皆为大厨房，以备六司百官食次"，这份菜单里的确有燕窝鸡丝汤、鲫鱼舌烩熊掌、猪肚假江瑶鸭舌羹等菜品，但实际上这一段记载，是讲乾隆帝南巡驻跸扬州天宁寺行宫时，地方官为皇帝随行官员准备的招待宴食。至于乾隆爷下江南时享用的御膳，仍旧是"燕窝肥鸡丝热锅一品、火熏东坡鸭子一品、鹿筋酒烧鸡冠肉一品、羊肉片一品、炒苏蛋一品、春笋炒肉一品、蒸烧肥鸡羊乌叉攒盘一品、象眼小馒首一品、白面丝糕糜子面糕一品。另有两淮盐政所进的菜四品。安膳桌二品、饽饽二品，安膳桌一品、银葵花盒小菜一品、银碟小菜四品，随送粳米干膳进一品。额食六桌：饽饽六品、奶子六品，共一桌；内管领炉食八盘，一桌；盘肉二桌，每桌八盘；羊肉四方，二桌"。无论如何，这些与《扬州画舫录》的记载相去甚远。

令人有些始料未及的是，"满汉全席"这个名词第一次出现，居然是在晚清时期的《海上花列传》里。这是一本松江（今属上海市）人韩邦庆用苏州方言写的上海滩风月场上的小说，最早发表于光绪十八年（1892年），在该书第十八回中，出现了"中饭吃大菜，夜饭（晚饭）满汉全席"。"大菜"在当时的吴语里指的是舶来的西餐。在当时的十里洋场，这已是人们心目中的时髦餐点。那夜饭自然也要用丰盛的满汉全席与之匹配。这里可能强调的只是丰盛而已，并没有什么具体的食谱。其实稍有常识的人都可以明白，对于一个能够充分享受各类食物的富贵之人来说，不可能一日三餐都掉在油腻、丰盛、华丽的食品之中。民间传说极言皇家御膳的豪华，实在是跟"皇帝的金扁担"的故事一样，是信息不透明的想象产物。

到了清王朝覆灭后，特别是到了1924年，清帝被逐出紫禁城，内务府膳房的厨役被遣散出宫，他们为谋生，一些自然流向了酒楼饭庄，重操旧业。在一部分人对皇家宫廷文化的向往和好奇心，以及夸富心理的共同作用下，从未在清宫出现的满汉全席便横空出世了。譬如流行于民国初年（1912年）的京津地区的大满汉全席菜点108品，通常要用2天分4餐吃完。而在新中国成立以后直至改革开放以前，大陆既无经营，也几乎没有文字述及满汉全席。

不过，在20世纪60年代，随着香港地区商业和服务业的发展，一些国外游客出于对中国传统饮食文化的仰慕，意欲体验具有中国皇家饮食文化风范的满汉全席，从而掀起再造满汉全席的风潮。

1965年中国香港金龙酒家应日本旅游团的要求，率先尝试以传统方式举办了满汉全席，当时共有72道菜肴，此后满汉全席再度流行起来，并始终被作为"清朝宫廷饮食"宣传。在各大酒楼标榜"正宗"、扩大声誉的竞争中，膳品越来越多，选料越来越精奇，席面越来越奢华……而消费者只是将满汉全席作为一种宫廷饮食文化和中国饮食文化的象征，只为追求一种体验或满足夸富的心理，至于正宗的满汉全席到底是什么，并不重要。例如1970年3月中国香港大同酒家为日本富士国际观光团承办的满汉全席，共有菜品71道，分2天4餐，席中除挂炉烤鸭、大红乳猪、红烤果子狸、扒熊掌、哈尔巴肘子几品满席名目的菜肴，其余几乎是清一色的广东风味。此外，他们又按照中国敬神的传统，供奉粉塑三宝像、八大仙和祥瑞兽，并用青铜大鼎燃点檀香和演奏"八音"乐曲，以烘托高雅的气氛，令人啼笑皆非。到了20世纪90年代，张国荣、袁咏仪主演的美食电影《金玉满堂》再一次向观众呈现了一场满汉全席的视觉盛宴。因此，尽管当代的满汉全席实际上与史实上的清宫御膳相差甚远，却也不妨碍它在普罗大众心中成为中国饮食文化的至尊象征……

◇ 菜 谱 · 鸡 汤 白 菜 ◇

鸡汤白菜貌不惊人，却曾经是真正的"清宫御膳"。

主料：白菜

配料：鸡汤、香菇、葱、姜、盐等

做法：锅热油加葱、姜爆香，加鸡汤、香菇；汤开后加入其他菜，等白菜变软、
　　　汤汁略收，加适量盐即可出锅装盘。

自从 1843 年上海开埠以来，全国各地的饮食业经营者及厨师们纷纷来到上海，竞相开设或经营菜馆、酒楼、饭店，遂令五湖四海各大菜系佳肴，汇聚于沪上。而其中上海本地的本帮菜，却是一个姗姗来迟的门类。

你方唱罢我登场

1843 年开埠以后，上海逐渐发展为一个五方杂处的大都市。各地人口的汇聚不仅促进了上海饮食业的繁荣，也造就了饮食的多样性。租界的饮食业逐步向四马路（福州路）、大马路（南京路）一带，即现在的浦西市中心区伸展开来。20 世纪 30 年代后，福州路、九江路、南京路、西藏路附近的各地特色风味的饭店、菜馆、酒楼等，层出不穷，发展迅速。1948 年出版的《上海市大观》中因此写道："上海地方，有着各省各地的人，在吃的一方面，也具着各色各种的口味，所以饮食馆子也分着派别。各有各的特色，各有各的不同。"

最先在上海滩崭露头角的是徽菜。安徽省横跨淮河与长江，江南与淮北民俗迥异，根本谈不上什么统一的安徽菜。所谓的"徽菜"其实就是"徽州菜"的简称。徽菜馆擅长烧、炖、蒸，重油、重色、重火功。如今最有名的一道徽菜大概是前几年《舌尖上的中国》里提到的臭鳜鱼了。

早期徽菜馆在沪上饮食业中地位显赫，和当时徽州人在上海的经商势力发达是有密切联系的，"徽州人既是在买卖中占了上风，因此，吃食方面也颇考究"。当时的安徽省最南端的旧徽州府六县（歙县、黟县、休宁、婺源、绩溪、祁门）人，在上海都有各自经营的主要专业，譬如祁门人主要经营茶叶，休宁人经营当铺，而绩溪人的主业就是开饭店。按照《绩溪县志》的说法，徽菜馆"咸丰、同治年间进入杭、嘉、湖、苏、沪、宁一带城镇码头"，至迟到光绪年间，徽菜馆已经在租界内开设了。19世纪80年代出版的《海上繁华记》就说，"沪北留饮处有番馆、广馆、津馆、苏馆、宁馆、徽馆之分"。当时的《竹枝词》中也写道："徽馆申江最是多，虾仁面味果如何。油鸡烧鸭家家有，汤炒凭君点什么。"20世纪20年代到上海的曹聚仁也说当时"独霸上海吃食业的，既不是北方馆子，也不是苏锡馆子，更不是四川馆子，而是徽州馆子"。

但这个局面没有保持多久。徽菜讲究"重油、重色、重火功"，菜式临端上桌时，还浇上一层油，浮在上面。

上海虽说是个"街头巷尾皆吴语，数祖列宗半外乡"的移民城市，但上海人终究以临近的苏南、浙江裔居民为主体，并"不像徽州人那样欢喜吃油"，待到各路菜系都进入上海滩之后，"吃客一比较，便认徽馆的菜不值得一吃，所以近年来一家少一家"了。

话说回来，苏浙菜却也未能"近水楼台先得月"。苏锡菜味甜，适合苏州无锡等地人口味，对他省人来说却未必是佳肴。上海社会各地菜馆众多，人们可选择的余地很大，故而苏锡菜馆后来在上海势力不大也属正常。而宁波人虽然在近代上海（市区）市民来源中占相当大的比例，但甬菜馆在沪上却始终未曾与宁波人的势力相称。如时人所说："宁菜汤的容量太多（俗称宁波汤罐），腥味太重，所以外帮人难以下箸，便是本帮人寓居上海久了，也不喜食……"结果，取徽菜而代之的是粤菜和川菜。根据1934年出版的《上海顾问》一书记载，"沪上西菜而外，以粤菜川菜为最盛"。

粤菜走的是高端路线，上海的高级粤菜馆装潢奢华，为其他各地菜馆之冠。广东香山（今广东省中山市）人吴铁城担任上海市市长期间，"市府筵席，均由该楼（指粤菜馆杏花楼）承办，每月所费动辄盈万元"，更是对粤菜的流行起了推波助澜的作用。至于川菜的流行则与两次战争有关。1927年北伐军进入上海，由于北伐军中西南川、黔一带人较多，上海的川菜馆也就相应发展较快。到抗战胜利之后，习惯了重庆口味的国民党大员们纷纷返回南京、上海，一时间川菜风行上海滩。当然，为了迎合沪上食客的口味，这些川菜馆的川味大减，"今则不过六七成耳"。

草根阶级的口腹之欲

实际上，从开埠到抗战胜利这近一个世纪，在上海滩餐馆唱主角的几乎都是客帮菜，1919 年成书的《老上海》里干脆说："酒馆业初惟有徽州、宁波、苏州三种，后乃有天津、金陵、扬州、广东、镇江诸馆，至四川福建馆始于光复后盛行沪上。"更不要说，连西餐也在上海这个大码头有了一席之地。清末的李伯元仿效《儒林外史》的笔法写作的《文明小史》第十八回有一段讲从内陆来到上海的人拒绝吃牛排，然后有人就说，亏你是个讲新学的，连个牛肉都不吃，岂不惹维新朋友笑话你吗？这实在与明治维新之后明治天皇带头吃西餐有异曲同工之处。

那么，本地菜的存在感到哪里去了呢？

本地人当然是不会不做菜的。开埠之前，上海县属于松江府（如今反过来，松江变成了上海市的一个区）。上海的风土人情跟松江大同小异，连方言也是"大率皆吴音也"。松江人宋诩在明代弘治年间（1504 年）写成的《宋氏养生部》一书中，记述了当时松、沪地区的菜点，其中有"酱烧猪"（红烧肉）、"粉蒸猪"（粉蒸肉）及"田鸡""糟鸡""烧鸭""烹河豚""油炸虾""油炒蟹""炒鳝糊""汤川鳜鱼""炒螺丝"等，与苏州、无锡一带的江南农家菜颇为接近（其实就是因为鳝鱼不够大，做不成鳝丝，才做炒鳝糊取而代之）。按照上海人杨光辅在嘉庆年间写的《淞南乐府》里的说法，"淞南（指上海县，时在吴淞江以南）好……食品最江南"。

至于如今所说的上海本帮菜的源头，大概可以追溯到清代的同治年间。说起来，它实在是出身低微，早期的本帮菜馆多是由小饭摊发展起来的。这些小饭摊面对的消费层非常草根。到这里来就餐的，大多是一些小商小贩、车夫、苦力等劳动大众。他们的就餐要求并不高，花几个小钱，图一个方便，主要目的不是要吃得好，而是要吃得饱。这些小饭摊正合他们的胃口，菜肴价格便宜，点菜也是普通的咸肉豆腐、清黄豆汤、清蛋汤之类，吃完以后，付账只要 200 文小钱。要吃得好些，还可以选择白斩鸡、炒三鲜之类，菜量很丰厚，三四个人一起，花不了多少钱。由于这些体力劳动者每日劳作流汗多，需要补充大量盐分，故而本帮菜口味偏重，也就形成了本帮菜所谓的"浓油赤酱"的特色。

同治年间，在上海县城（旧南市区，今属黄浦区）旧校场街上，也就是城隍庙西首附近，就出现了一家典型的经营本帮菜的夫妻店。店主人姓张，老家在松江府川沙厅（今属浦东新区），到这里开一间简陋小店。虽说大名叫"荣顺馆"，其实店堂内只有三张方桌，每天为几十位客人做些炒肉百叶、咸肉豆腐、咸肉黄豆汤之类的大众化菜肴，用以维持生计。张氏夫妻起早摸黑，勤苦经营，将汤肴饭菜做得口味鲜美，质量尚好，定价又很低廉，经济实惠，因此，小饭店的顾客日益增多，生意是越来越好了。日子一久，人们就将它称为老荣顺了。这家老字号的本帮菜馆，就是如今有名的本帮菜馆上海老饭店（1964 年命名）的前身。

也是在同治年间的 1862 年，结拜兄弟祝正本、蔡仁兴在今天九江路的弄堂里合资摆了一个小饭摊。小饭摊经营咸肉豆腐、炒肉百叶、炒鱼粉皮等大众菜，由于价廉物美，很受外滩一带的苏北码头工人的欢迎，渐渐有了名气，兄弟二人便租了两间门面开设饭店，店名从两个人的名字里各取一字做店名，叫"正兴馆"。楼下供应大众菜肴，楼上设雅座。后因生意甚好，一些饭店便冒名挂"正兴"招牌，于是祝、蔡两人便在"正兴"二字前加了个"老"字，"正兴馆"遂变成了"老正兴馆"。结果山寨店依旧横行上海滩，"老正兴"三字基本上成了本帮菜馆的代名词，最多时打此招牌的店竟有 130 家，甚至连日本横滨、大阪、东京都有。

登堂入室的"浓油赤酱"

虽说如此，上海的本帮菜馆，最初只是下层人民就餐之所，非上层社会宴客之地。就像《老上海》在"酒馆"一项里并未提及本帮菜馆，而是把其归入"饭店"一类，因为"沪地饭店，则皆中下级社会果腹之地"，俨然低人一等。

直到 20 世纪 30 年代，本帮菜馆才逐渐摆脱了这样的刻板印象。本帮菜原以红烧、煨、糟等烹饪方式为主，在吸收了锡菜、苏菜、甬菜等菜系的优点之后，烹调方法增加，包括红烧、清蒸、生煸、油焖、腌、炒，等等。菜肴花色品种也随之丰富起来，例如以青鱼做主料，能够根据所取青鱼部位的不同和烹调方法的区别，制成烧嘴封、红烧葡萄、红烧划水、下巴秃肺等 20 多种不同的菜肴。由于菜肴水准的提升，本帮菜馆"规模大的日多，俨然酒楼气派，高朋也见满座了"。到了这时候，连菜名也变得雅致起来。如广州人汪精卫最欣赏的上海菜就是凤尾虾、松鼠鱼和美人肝，仅听菜名就感觉精致。其实，美人肝当然不是美人肝脏，而是鸭胰白：鸭胰白经过开水漂、冷水浸，去筋，再加鸡脯肉辅佐，加鸭油爆炒。做出的美人肝白里透红、娇嫩鲜脆，令人浮想联翩。

　　到了 20 世纪 40 年代，"浓油赤酱"的本帮菜的地位终于得到了大众认可。那本 1948 年出版的《上海市大观》就统计，沪上餐馆"大概分别起来，有：平（指北京）馆、川馆、粤馆、宁波馆、苏州馆、教门（指清真）馆、本地馆、徽馆及西菜馆"。不仅在名分上有了"本帮菜"的一席之地，而且根据 1946 年 10 月的统计，当时上海市中心共有本帮菜馆 177 个，数量居各帮之首。无论是在商业街，还是在偏僻弄堂，抬头就能看见带有"兴""和"之类字样的本帮菜馆。

　　譬如当时的"德兴馆"（1883 年创立），虽然仍旧是旧式房子，一律老式方桌，底层供应大众化饮食，以肉丝黄豆汤为主，食者仍多平民阶级，但其三楼包房已经安放红木家具，菜肴售价高，皆本帮名菜，令国民党名流趋之若鹜。海上闻人、青帮头子杜月笙就是德兴馆的常客。"最脍炙人口者为炮虾（食过半再油爆）、虾子大乌参、白切肉、炒圈子等。虾子大乌参入口即化，夸张一点说，不必咀嚼，可以顺流而下。"要说烹调海参，清代还只是徒有贵重之名，而无精制之方。北伐军到沪后，本帮馆子始用干河虾、冬笋为佐，以后烹制海参皆以此为宗。这道虾子大乌参同时也是德兴馆的招牌菜，将海参水发后，加笋片和鲜汤调味，制成红烧海参，后又加虾子做配料制成，蒋夫人宋美龄就最喜食德兴馆的虾子大乌参。

又经过几十年的变迁，到 2014 年年底，"上海本帮菜肴传统烹饪技艺"更是与其他八个项目一道入选了第四批国家级非物质文化遗产代表性项目名录和扩展项目名录，一跃而成为名副其实的"上海味道"的代表。

◇ 菜 谱 · 草 头 圈 子 ◇

直肠半径大，经开水锅煮熟时，如同一根柔软的圆棒，将肠切片后，便成一个一个小圈，

故称之为"圈子"。草头圈子是上海本帮菜的代表菜式。

主料：猪大肠、苜蓿（草头）

配料：酱油、黄酒、葱、姜、盐、香醋、白糖、猪油、湿淀粉

做法：将猪大肠放在温水里，一边灌水，一边把肠翻转，剥净肠内污物，将
　　　肠洗净，放入水锅里用旺火烧开；待猪肠外层发硬紧缩，即可捞出，
　　　放桶内，加盐、香醋，用手捏揉去掉黏液；再用清冰漂洗干净至肠壁
　　　无黏滑感为止；锅内放入大肠，加入葱段、姜片、黄酒，用旺火烧煮
　　　两小时左右；再捞出用冷水冲洗后，切去肠头肛门和薄肠，再放到汤

锅里，加盖用旺火烧焖约一小时；烧至直肠发胖呈白色，冷却后，将熟直肠切成两厘米长的斜小段；将苜蓿摘去黄叶及老梗，用清水洗净沥干；炒锅烧热，放入圈子，加黄酒、酱油、白糖、姜末、白汤，烧沸；再移小火煮五分钟左右，至卤汁收紧时，用湿淀粉少许勾芡，浇上熟猪油，加盖待用；另用炒锅一只烧热，下猪油烧沸，将苜蓿放入旺火煸炒，加酱油、白糖，至断生，出锅倒在盆中；将已烧好的圈子，放在苜蓿上面即成。

早在民国年间，有一句谚语便已经广为人知，这就是："生在苏州，穿在杭州，食在广州，死在柳州。"也就是说，在大众心目中，正如苏州被认为盛产最可爱的女子、杭州拥有最精美的服饰、在柳州找得到最好的棺木一样，要吃到天下最精美的食物，必须要去广州……

"番鬼"见闻

有道是"民以食为天"，《尚书·洪范》所提出的治国"八政"，即以"食"为先。中华饮食向来被国人视为骄傲，孙中山在《建国方略》中曾自豪地评价："我中国近代文明进化，事事皆落人之后，惟饮食一道之进步，至今尚为文明各国所不及。"

在中华版图之中，地处岭南的广州自秦汉被纳入中原王朝统治之后，历代都是商业之都，各地商人来广州贸易的同时也带来了不同的饮食文化，故而广州的饮食文化在很大程度上融合了各地饮食风俗。譬如东坡肉是苏轼贬居黄州时创造出来的一道猪肉佳肴，这道菜入口酥软且不腻，富含营养，宋朝传入广州后立即在当地流传开来。广州的饮食业除经营粤菜外，还有扬州小炒、金陵名菜、姑苏风味、四川小吃、京津包点、山西面食。因此，早在明清之际，就出现了"天下食货，粤东尽有之，粤东所有食货，天下未必尽有"这样的说法。

清代中叶之后，广州又成为帝国唯一对外开放的港口，海外贸易繁荣，所谓"香珠犀象如山，花鸟如海，番夷辐辏，日费数千万金。饮食之盛，歌舞之多，过于秦淮数倍"。此外，粤语有句俗语叫"辛苦揾嚟自在食"，意思就是辛辛苦苦挣钱，就得吃得舒服自在点。广州人"重吃轻衣"的消费心理和生活追求也促进了广州的饮食文化的发展，促使其成为中国饮食文化的窗口。

关于清代早期广州饮食的情况，彼时来穗的外国人留下了好几份珍贵的记录。譬如，瑞典博物学家彼得·奥斯贝克以一名随船牧师的身份登上了瑞典东印度公司的商船卡尔亲王号前往中国。他在 1750 年年初从瑞典哥德堡出发，同年 8 月 22 日到达广州，并在广州一直停留到次年的 1 月 4 日。他首先发现，"这个国家的人做饭非常简单：他们不吃面包而是吃米饭，这是他们的主食"。"他们将米放在水里煮，再让水流掉，吃膨胀开来的热米饭。"奥斯贝克身为一个瑞典人，自然不会错过记录下新奇的米饭和用餐习惯。他观察到猪肉和鱼是广州人用来下饭的最普遍的食物，但其他肉就不那么多了，牛肉很少（跟外国人不同，中国的牛主要用来耕地，而外国人把它们买来宰杀），其次是山羊肉和绵羊肉，野兔肉和鹿肉从来没看到过。广州人所吃的田鸡也让奥斯贝克觉得新奇，田鸡在广州的街上每天都有得卖，人们用绳子把它们串起来，活的放在篮子里提着。在奥斯贝克笔下，这是广州人"最可口的食物"。

如果说，这个瑞典人见到的更多是广州平民百姓的饮食的话，道光年间在开设于广州的美国旗昌洋行任职的美国人威廉·亨特在其著作《广州番鬼录》和《旧中国杂记》中所涉及的高档菜品无疑就是当时羊城富商官府之食了。虽然在《旧中国杂记》里，亨特记录下的中国谚语尚是"生在苏州，住在广州，死在柳州"，但毫无疑问，广州的美食在这位"番鬼"（当时粤人对外国人的蔑称）心目中留下了最深刻的印象。他不但记下了在道光十一年（1831 年）中国农历春节时所享用大餐的具体菜谱——燕窝汤、白鸽蛋、鲳鱼、鲱鱼、羊肉、肥鸡、鲜蚝、野鸭、荔枝、枣子……还告诉今天的人们，当时的广州十三行里的富商，过着多么奢侈的生活。即使是"在十三行的末期，怡和行商人伍浩官还有价值 2600 万元的财产；同文行商人潘启官还有 1 万万法郎的财产"。亨特曾多次参加十三行商人潘启官的宴会，大开眼界。给他留下最深刻印象的是：席上摆着美味的燕窝羹、白鸽蛋、海参、鱼翅和红烧鲍鱼，最后上席的那只瓦锅上盛着一只煮得香喷喷的小狗。他据此认为，当时广州拥有世界第一流的厨师，能品尝到这些名厨用精湛技艺做出来的菜品，真是三生有幸。

美国人罗伯特·贝勒特在鸦片战争前夕最后的"静好岁月"（1838年12月30日）里也参加了一次宴会。在他笔下："第一道是一碟堆成金字塔模样的水果，点缀着一朵小花。不同的水果颜色相映成趣……大约吃6小碗不同的汤之后，仆人们不断更换汤碟……吃完6道菜后，我们抽着喜欢的雪茄烟离开了座位，大约过了15分钟，又被邀请重新入座……第一道菜是与火腿、葱、胡萝卜等作料一起熬成的鸭肉，刚好尝过它；第二道端上的是切成细片的鲨鱼鳍（即鱼翅），5个碗装着汤剂；第三道菜是八角杯装着的烤成咖啡色的小鸟……另外七八个盘子盛着各式各样的菜肴，我们只能偷偷张望，品味着每道佳肴……"毫无疑问，十三行商人接待外国客人的这些盛宴，集中表现了当时广州社会最为丰富的餐饮文化，厨师们对餐饮细节的讲究，对茶、水果等的制作，对菜谱的选择，无不令"番鬼"们赞叹不已。

中西合璧

鸦片战争与随后的《南京条约》打开了大清帝国闭锁的国门。从此以后，西方的饮食文化以越来越大的规模向广州社会渗透。19世纪后期，广州城内已出现首家西餐馆——太平馆。馆主原为为西人服务的当地厨师，后来自己独立经营，到清末太平馆已经发展成为著名的西餐店。作为广州著名的老字号，太平馆所经营的传统名牌西菜，如红烧乳鸽、德国咸猪手等招牌菜，至今在广州仍然有一定影响。

其实，广州人原来对西餐的评价并不高。亨特在《旧中国杂记》里曾经记下了当时一位广州十三行商人参加西餐宴席后写给北京友人的信的内容。"他们坐在餐桌旁，吞食着一种流质，按他们的番话叫作苏披。接着大嚼鱼肉，这些鱼肉是生吃的，生得几乎跟活鱼一样。然后，桌子的各个角都放着一盘盘烧得半生不熟的肉；这些肉都泡在浓汁里，要用一把剑一样形状的用具把肉一片片切下来，放在客人面前。"由此，这位商人得出结论："这些'番鬼'的脾气凶残是因为他们吃这种粗鄙原始的食物……"不言而喻，这种在19世纪初期表现出的对西方饮食文化的误解，恰恰反映了在"天朝无所不有"的妄自尊大心理作用下，当时大多数广州人对西餐全然陌生的状态。

只不过，在鸦片战争之后，随着"番鬼"变成"洋人"进而成为"洋大人"，西餐的地位也同步上升，这从晚清上海的西餐被称为"大菜"，而中式菜肴只能统称"小菜"就可见一斑。于是，西方人的饮食习俗，就不断在广州地方饮食中增加分量，越来越多地为广州社会所接受。晚清时期，澳门日照酒楼在《广东白话报》上已直言不讳："大小西餐，脍炙人口，中西人士，均赞不谬。"时人马光启在《岭南随笔》中曾如痴如醉地写道："桌长一丈有余，以白花布覆之，羊豕等物全是烧炙，火腿前一日用水浸好，用火煎干，味颇鲜美，饭用鲜鸡杂熟米中煮，汁颇佳，点心凡四五种，皆极松脆。"这与《旧中国杂记》里的评价相比，真有云泥之别。澳门天香酒楼则对西餐流行的原因进行了分析，认为："人情厌旧，世界维新，铺陈可尚洋装，饮食亦与西式，盖由唐餐具食惯，异味想尝，故此西餐盛行。"

如此一来，广州饮食文化自然汇入了近代西餐的元素。因此，在中国各大菜系中，粤菜的铁扒、铁板烧、烤这几种烹调方法较之其他菜系用得较多，譬如烧乳鸽、焗猪扒饭、洋葱猪扒此类就是如此。至于使用干淀粉在原料外粘上一层，接着在鸡蛋液中拖一下，再用面包渣粘匀，最后去油炸的工艺手法也取自西法。

面粉加工制品也是西餐中颇有代表性的热门品种，通称西饼、面包。广式面点受西式面点的影响就更大了。例如起酥方法、蛋奶原料的广泛应用。至于广式面点的制作和造型，甚至面点的名称、面点的盛器等，简直可以说是中西合璧的结果，或者完全是西为中用了。清末民初机器制面方法传入广州之后，西式糕点愈加盛行，这也为传统上以大米为主的广州饮食增添了新的成分。久而久之，就出现了一个值得玩味的现象，按理，"北人食面，南人吃米"，中国北方才是面食的大本营，结果北方的面点在色香味形方面反倒不如广式面点。这与后者融会了西式点心特长自然不无关系。到了 20 世纪二三十年代，广式点心的品种发展到数百种，名品点心如笋尖鲜虾饺、甫鱼干蒸烧卖、蜜汁叉烧包、掰酥鸡蛋挞等，流传至今，经久不衰。

随着欧风东渐，广州的餐饮服务业也呈现出了近代化的面貌。1873 年 9 月，英国人琼·亨利在《广州漫游记》

中提及广州蕴香酒馆。他详细地描绘道："跟其他酒店一样，这个酒店有几个上等包房，一些中国客人来这里用早餐和正餐，价格则根据顾客所点菜名称的不同而有很大的区别。在每间包房的墙上，都贴了一张告示，告诫顾客临走时一定要带上自己的雨伞。有些包房还挂上一把大扇子，上面写着相似的内容，提示顾客不要遗忘那些容易丢失的物品。每个房间的墙上照例挂着酒店的菜谱。"民国年间，甚至广州酒家茶室只用男招待的旧俗也被打破。当时的酒楼经营者为了招徕生意，纷纷聘请年轻貌美的少女，侍候客人饮食。大做"女侍接待，周到殷勤"之类的宣传广告。有些投机商贩、官僚豪绅，每以饮食阔绰为荣，任意挥霍，毫不吝啬，博女招待欢心，所谓"醉翁之意不在酒"，有时一顿饭下来，付给女招待的小费甚至比饭钱还多，并且形成风气。南海（今广东佛山）人胡子晋有诗描述当时女招待受人欢迎的场景："当垆古艳卓文君，侑酒人来客易醺。女性温存招待好，春风口角白围裙。"故而各店竞相效尤雇用女招待，从陈济棠主粤期间（1929 年）始，全市大小酒家，没有不聘用女招待的。这与今天的局面已几无二致。

岭南奇馔

实际上，中西合璧的粤菜在晚清时期已然声名鹊起。清光绪年间考取拔贡的南海人胡子晋有首《广州竹枝词》写道："由来好食广州称，菜式家家别样矜。"这首词还没有正书"食在广州"四字，但含义是很清楚的。到了民国十四年（1925 年），《广州民国日报》在《食话》的一开头就明白无误地写道："食在广州一语，几无人不知之，久已成为俗谚。""久已"二字，不啻说明当时"食在广州"早已四海闻名。民国时期的上海名记郁慕侠也有类似的看法，他在《上海鳞爪》中有一篇文章《一席菜值三百元》，堪称"食在广州"的注脚：因为"广东人对于别的问题都满不在乎，惟独对于吃的问题，是非常华贵、非常考究……以故'吃在广州'一句俗语，早已脍炙于人口了"。

粤菜能够从众多菜系中脱颖而出，做工考究当然是一个方面。譬如，太平馆饮誉数十年的烧乳鸽就是如此，原料是肥嫩的石岐良种，有专人精心饲养（喂米、绿豆），然后配以优质调料烹制而成，这是同业中多年来难以媲美的主要原因。另一个方面，则是粤菜品种之繁多，一如有人揶揄的那样，"没有广东人不敢吃的"。"鱼生"与"蛇肉"便是其中的典型。

作为沿江（珠江）城市，河鲜向来在广州人的饮食中占有重要地位，所谓"滨水之乡，惯食鱼鲜"。但广州人吃鱼与岭南以北地方的人有很大区别。有谚云："鱼熟不作岭南人。"吃鱼生在广州早已形成一种消费习俗。所谓吃鱼生，就是把生鱼肉切成薄片，蘸一些酱油和其他作料生食。有《竹枝词》云："响螺脆不及蚝鲜，最好嘉鱼二月天。冬至鱼生夏至狗，一年佳味几登筵。"词人汪兆铨更是称赞："冬至鱼生处处同，鲜鱼脔切玉玲珑。一杯热酒聊消冷，犹是前朝食脍风。"可以说，鱼生最集中反映了广东菜的特色，鲜中带嫩，嫩中带爽，爽中带滑，四者相辅相成，浑然一体。

当然，最具有岭南特色的广州食品莫过于蛇肉了。汉武帝时期成书的《淮南子》里就说，"越人得髯蛇，以为上肴，中国得而弃之无用"。这就说明在食蛇方面，中原与岭南在很早就分道扬镳了。13世纪的意大利旅行家鄂多立克来华旅行，留下了一本《鄂多立克东游记》，他到达广州口岸后，当地的食蛇风俗给他留下了深刻印象："广州这里有比世上任何地方更大的蛇。很多蛇被捉来当作美味食用。这些蛇很有香味，并且作为如此时髦的盘肴，以致如请人赴宴而桌上无蛇，那客人会认为一无所得。"

旧时广州有一个老字号蛇菜馆名曰"蛇王满"，创立于1885年。当时有人将鸡肉掺杂入广州名菜"龙虎斗"，味道更佳，故这道菜又称"龙虎凤"。蛇王满餐馆在此基础上，再配上菊花，人们吃蛇肴时还能尝到菊花清香，顿觉十分舒畅，"菊花龙虎凤"由此成名。民国年间，龙虎斗俨然已经成为粤菜的代表。甚至在新中国成立后，在20世纪50年代初期主政广州的朱光（广西博白人）还常邀贵宾到蛇王满吃蛇，并在《广州好》中，热情赞美了蛇馔——"广州好，佳馔世传闻，宰割烹调夸妙手，飞潜动植味奇芬，龙虎会风云。"

笑傲同侪

民国年间的广州餐饮业，的确当得起"食在广州"这四个字。当时城内食肆包括茶楼、茶室、酒家、饭店、包办馆、北方馆、西餐馆、酒吧、小吃店、甜品店、凉茶店、冰室等，小吃店又有粉粥面店、糕饼店、云吞面店、油器白粥店、粥品专门店等，此外，还有日夜沿街叫卖云吞面、猪肠粉、糯米鸡、松糕等的肩挑小贩。可以说，此时的广州是南北风味并举，中西名吃俱陈，高中低档皆备，各类酒家令人目不暇接。军阀陈济棠治粤时期，广州饮食业尤其兴旺，当时较大的饮食店竟达200家以上。

其中翘楚，即所谓"四大酒家"，也就是位于八旗二马路的南园、文昌巷的文园、长堤的大三元、惠爱西的西园。那时，广州人和所有外来者，无不知"四大酒家"是广州饮食业的"最高食府"，对它们的招牌菜也如数家珍。

其中的南园酒家是四大酒家之首。南园酒家原为孔家大院，后来利用原大院结构、树木分布，被改造为天然园林古雅的酒家。此地居民不太稠密，故来客都是远道而来。为招徕阔客，南园酒家首创所谓名店、名师、名菜"三位一体"的广告手法。其最负时誉的红烧鲍片随之声名大噪。这道菜选用的是网鲍。它是鲍鱼中最名贵的品种，椭圆鲍身，四周完整，裙细而起珠边，色泽金红，肥润鲜美。炮制时涨发功夫绝不贪图快捷，更不加入任何碱性物质，使鲍鱼的原味和营养价值不受损坏。涨发时完全依靠适当的火候掌握。在刀工方面做到四边厚薄均匀，块块一样，大逾半掌，排列整齐美观，芡汁适量，色泽鲜明，客人睹此，未下箸而食欲已增，甫经品尝，自然赞不绝口。

文园酒家地处西关繁盛之区，此地乃文人荟萃之地，业务自不能与南园相同。其主厅名曰"汇文楼"，虽然面积不太大，而大小房间俱全，装修古雅，适合文人雅集，商贾斟盆（洽谈业务）。最有趣的是，该楼后面仍然供奉文昌魁星，以自我安慰占用文昌庙址，免降不祥之祸。广州素有"无鸡不成宴"之说，人们对吃鸡已经非常熟悉，文园酒家针对这种情况，特意精心炮制了一款江南百花鸡，以满足吃腻了鸡的人士的口味。这类鸡除了使用鸡的皮外，只留鸡头、鸡翼尖，以便砌成鸡形，其他肉骨全部不用，其百花馅主料乃是鲜虾肉。如此一来，必然味与鸡殊，别具风味。

大三元酒家，地处广州最繁华地段之一——长堤，这里是水运交通枢纽，码头相接。由于大三元并非南园、西园这样的园林式酒家，举办大型宴会，实显气派不足。但这里安装了全广州酒家中的第一部电梯，堪称当时最现代化的酒家（其实只有三层高的楼宇，安装电梯，是宣传作用大于实际的）。这里的招牌菜是红烧大裙翅。鱼翅在粤菜中本就是高端大气上档次的代表，威廉·亨特在他的《旧中国杂记》里如实记录下了当时广州社会对于美食的看法，"想想一个人如果连鱼翅都不觉得美味，他的口味有多么粗俗"。因此，"粤席惯例，席单与出菜次序，又必以鱼翅一味为先"。这在无形中也抬高了大三元酒家的身价。

在四大酒家中创立最晚的西园酒家地处惠爱西,此处远不及西关、长堤富裕繁华,而其优点则是具有天然园林之胜,紧邻六榕古寺,香客游客众多。所以这家店的招牌菜是鼎湖上素。这道菜是在传统粤菜罗汉斋的基础上发展起来的,之所以取名为"罗汉",是因为佛教有"十八罗汉""五百罗汉"等尊者,取众多汇成之意,而"斋"也同佛教信仰关系密切。罗汉斋也是以众多素菜料汇集而成的。由于绝大部分高级斋料本身无味,所以先将无味的原料,一律用老鸡、猪瘦肉、火腿骨等熬汤煨透,如此吃起来也不觉得味"寡"。可惜其售价高达20块银元,除了达官富豪慕名小试外,原来与之相适应的消费对象——善男信女反而敬而远之了。

这"四大酒家"的存在,不啻宣告民国时期"食在广州"已经深入人心,此时的粤菜也已独步天下、笑傲同侪了。即便在五方杂处的上海滩,粤菜的风光亦一时无二。《上海风土杂记》就说:"粤菜以味胜,烹调得法,陈设雅洁,故得人心。"更有人评价:"现时以粤菜做法最考究,调味也最复杂,而且因为得欧风东渐之先,菜的做法也掺和了西菜的特长,所以能迎合一般人的口味。上海的外侨最晓得'新雅',他们认为'新雅'的粤菜是国菜,而不知道本帮菜馆才是道地的上海馆。"其中的"国菜"二字,实在是对广州饮食的至高评价了。

◇ 菜 谱 · 红 烧 大 裙 翅 ◇

鱼翅是粤菜的代表菜式之一。明清以后，鱼翅深受食客追捧，被视为"海味八珍"之一。

主料：鱼翅

配料：老鸡、鸡脚、猪手、瘦肉、火腿丝、银针、鸡油、猪油、上汤、火腿汁、
　　　精盐、味精、胡椒粉、葱、姜、酱油、湿马蹄粉等

做法：将翅边剪齐，先洗干净；将翅夹着，放在瓦炖盆里加清水煲，之后漂
　　　清水，继续去沙，并去掉翅骨；再用竹笪将翅夹着，放在瓦炖盆里加
　　　清水煲，煲了换水再煲，反复多次，至去尽清灰臭味为止。浸发翅忌
　　　用五金炊具，否则翅会变黑。
　　　用竹笪将翅夹着放置锅里，依次加清水、姜块、姜汁酒等；然后起锅，

将去掉头尾的葱爆香，下上汤（汤以浸过翅面为度）将翅煨透，取起滤干水分。

将滚煨好的翅从中破开，用竹笪分两头排开、夹好；另将老鸡、鸡脚、猪手、瘦肉等滚过；将竹笪垫在瓦炖盆上，依次放入老鸡、鸡脚、猪手和翅，将瘦肉、鸡油加放在翅面，然后加入上汤，用慢火焖好至翅黏为好。

翅焖好后，去掉老鸡、鸡脚、猪手、瘦肉、鸡油等，将翅取出，用特大椭圆形银汤盘盛载，疏松造型，用洁白干净的毛巾将水分吸干；然后猛火起锅，下猪油，烹酒，加入原汤、顶汤、火腿汁、精盐、味精、胡椒粉等，至微滚时，用上等酱油、湿马蹄粉勾金黄芡，加入包尾油分两次淋在翅上，裙翅中间加上火腿丝；另煸炒银针（绿豆芽），分两小盘，面上撒火腿丝，跟裙翅上席便成。

佛跳墙的名字好怪。何物美味竟能引得我佛失去定力跳过墙去品尝？我来台湾以前没听说过这一道菜。

——梁实秋《雅舍谈吃·佛跳墙》

何谓"佛跳墙"？

梁实秋（1903—1987年）先生算是现代中国有名的文人兼吃货，他的散文集《雅舍谈吃》篇篇都以食物名称为题，读来常常口齿生津，馋涎欲滴。既然走南闯北阅历颇广的梁实秋是在台湾地区吃到了这道美食，佛跳墙是不是一道出自台湾的特色菜肴呢？

实情偏偏不是如此。神州大地幅员辽阔，以佛跳墙为名的佳肴并不唯一。比如，以肴肉出名的镇江（今属江苏）就有一道佛跳墙，指的是当地的东乡羊肉。不过，大众最为熟知的佛跳墙可说是与台湾隔海相望的福建省省会福州的"招牌菜"。在福州市的中心东街口，有一家始创于清代同治四年（1865 年）的老字号餐馆——"聚春园"。佛跳墙正是这家福建现存年代最长久的历史名店的传统名菜。

对于这个问题，看来梁实秋本人后来也意识到了："传自福州的佛跳墙……在台北各大餐馆正宗的佛跳墙已经品尝不到了……偶尔在一般乡间家庭的喜筵里也会出现此道台湾名菜。"实际上，台湾菜的烹饪技法，与福建的福州、厦门基本相似。台湾有句俗语，"鱼丸、燕丸、太平燕，男女老少吃不厌；肉粽、薄饼、担子面，街头巷尾皆可见"。其中，鱼丸、燕丸、太平燕是福州的小吃，肉粽、薄饼、担子面则是闽南风味。因此有句话叫"闽台骨肉亲，饮馔并蒂莲"。既然台湾菜与福建菜同出一源，梁实秋能够在台湾吃到佛跳墙自然也不足为奇了。

顾名思义，"佛跳墙"名字的寓意乃是因为菜肴之味着实太香，香得连佛都跳墙去偷吃了。这究竟是道什么样的菜呢？如今的佛跳墙以 18 种主料，12 种辅料制作而成。其中原料有常见食材，如鸡肉、鸭肉、鸭掌、鱼肚、虾肉、枸杞、桂圆、香菇、笋尖、竹蛏，更不乏鲍鱼、鱼翅、海参、干贝等高档食材。不仅如此，就连佐味调料也包括蚝油、盐、冰糖、加饭酒、姜、葱、老抽、生油、上汤等。将这30 多种原料分别加工调制后，分层装进绍兴酒坛中。坛中有绍兴黄酒，先以荷叶封口，而后加盖。用质纯无烟的炭火（旺火）烧沸之后，再用微火煨五六小时才可大功告成。

如此大气的菜肴，翻开当今各菜系之菜谱可说是鲜有其例。无怪乎《福州市志》这样记述佛跳墙："福州传统名菜。居闽菜之冠。"

"王者"的荣耀之一，就是登上了国宴的餐桌。1986年10月，英国女王伊丽莎白二世访华，邓小平在钓鱼台国宾馆的养源斋会见伊丽莎白二世一行，并设午宴招待。菜单除冷菜拼盘外，热菜是茉莉鸡糕汤、佛跳墙、小笼两样、龙须四素、清蒸鳜鱼，点心主食有鲜豌豆糕、鸡丝春卷、炸麻团、四喜蒸饺、黄油面包、米饭，配桂圆杏仁茶。据说，当宴席上中方人员介绍佛跳墙菜名的由来后，女王笑容满面地说："那我们更要多吃一些。"无独有偶，在美国总统老布什等人访华的国宴菜单上，也可以见到佛跳墙。1990年，佛跳墙荣获国家原商业部（现为商务部）优质产品最高奖金鼎奖；2002年，在第十二届全国厨艺节中荣获宴席最高奖中华名宴。从这个意义上说，佛跳墙确是当之无愧的闽菜代表。

汤菜之道

诚然，作为八大菜系之一的"闽菜"品种颇多。譬如，闽西有"八大干"（长汀豆腐干、连城地瓜干、武平猪胆干、上杭萝卜干、永定菜干、明溪肉脯干、宁化老鼠干、清流明笋干），闽北有"沙县小吃"，省城福州有相当出名的"太平面"（泡索面加上两个鸭蛋）。那为何佛跳墙独占鳌头？

这大概要从闽菜的特色说起。现代著名作家郁达夫出生在杭州富阳，喝天下有名的富春江水、吃古今闻名的富春江鱼长大。可是后来他却变成了闽菜的忠实粉丝。在他看来，"福建全省，东南并海，西北多山，所以山珍海味，一例的都贱如泥沙"。的确如其所言，闽东、闽南沿江靠海，"不必忧虑饥饿，大海潮回，只消上海滨去走走，就可以拾一篮的海货来充作食品"，故而烹饪的原料以海鲜、河鲜为主。闽西、闽北地处山区内陆，"地气温暖，土质腴厚，森林蔬菜，随处都可以培植，随时都可以采撷"，因此烹饪的原料以山珍、禽畜为主。至于省会福州，地理位置更是得天独厚："西北控瓯剑，东南负大海。"闽江上游的山珍可沿江溯流而下，沿途时间很短，保鲜程度极高。与此同时，"海者闽人之田"。福州距离海岸线的直线距离不过 20 千米，沿海海产更可随时入市购足。山珍海味汇聚一堂，难怪宋代的《三山志》把福州称作"久安无忧"的"乐土"。而明代的西班牙传教士门多萨在《中华大帝国史》里也称赞福州"这座城市在全国是最富足和供应最好的"，"他们食物很好，十分丰盛，他们吃很多的猪肉，跟西班牙的羊肉一样好吃，一样有营养"。

由于集八闽各地食材之大成，福州菜被视为闽菜的主流。而在食不厌精的郁达夫看来，"福州的食品，向来就很为外省人所赏识"。在众多的福州菜式里，集山珍海味为一身的佛跳墙又具备了闽菜的一个显著特征——"汤菜"。

福建地区气候炎热时间长，人们流汗多，消耗大，且易上火。喝汤可以补充人体缺乏的水分，故而闽菜与粤菜一样，汤在宴席里的分量都很重。只不过就像外省人对闽、粤方言的巨大差异往往浑然不觉一样，同样是热衷用汤，细究起来，闽菜与粤菜对汤的运用大有不同。粤菜宴席一般只有一道汤，用于餐前。汤以文火熬成，久熬者称"老火靓汤"。而闽菜无论是日常生活的饭菜，还是宴席的酒菜，都以汤菜为重。这种汤菜，乃是富有汤汁的菜，而非菜汤，其种类很多，仿佛两汉以前的"羹"。汤菜可边吃边喝，闽人食汤菜与其他地区的宴席往往把清淡菜汤用作饭前酒前润喉之物的习惯大不相同。距今 500 年前的西洋传教士门多萨就在《中华大帝国史》里赞叹闽人"烧出很好喝的肉汤"。尤其是福州人，最善于调汤，甚至用烹制出的高汤作为汁而再制高汤。因此就有"重汤""无汤不行""一汤十变"或是"百汤百味"的说法。

这样的做法，当然不是无的放矢。闽菜讲究食材的质鲜味纯，强调保有原料的本质和原味。既然海产品与野味成为闽菜选用的主要原料，如何祛除异味并且在除去异味的同时保有原材料的质鲜味美，达到养身滋补之效，就成为闽菜面临的一大难题。汤菜正在此时给出了答案——只有制成汤菜，才能去掉食材本身的腥、膻、苦、涩等异味，不仅保持主料本身的风味和营养成分，还能使其味道清醇鲜美。佛跳墙将众多食材放在绍兴酒坛中用文火煨制而成自不待言，福州的另一名菜鸡汤氽海蚌（将海蚌放入熬好的鸡汤）也对汤十分考究，可谓烹制汤菜的另一典范。

低调的奢华

当然，有好事者不免又要问，在闽菜的众多汤菜里，为何又是佛跳墙脱颖而出呢？食材考究无疑是一个重要原因。佛跳墙里的鲍鱼、鱼翅等物，单做一道菜看亦是上品，何况杂烩一处呢？明代末期的大太监刘若愚曾经在《酌中志》中提到，天启皇帝（1621—1627年在位）就喜欢把炙蛤蜊、炒鲜虾、田鸡腿、笋鸡脯、海参、鳆鱼、鲨鱼筋、肥鸡、猪蹄"共烩一处"。可见佛跳墙的食材根本不啻御膳级别。

不过，如果只是用料奢侈（30几种高档原料再加上大量的黄酒），佛跳墙大概也不会端上崇尚简洁、大方的现代国宴餐桌。佛跳墙的贵重，相比原料的价值，其实更在于烹饪过程中下的功夫。坊间传言，佛跳墙要做上三天三夜，大量的时间被耗在备料上：鱼翅、海参的发、煮，鱼唇去腥，干鲍蒸烂切片，及至鸡、鸭、猪蹄、排骨、作为配菜的火腿肉的蒸煮，以及冬笋、冬菇、鱿鱼、淡菜等的清洗。除此之外，还要进行熬、煮、炖、煨、烩、卤、焖、汆、炸的工序……所费人工相当惊人。按照梁实秋的说法，当时某人"花了十多天闲工夫才能做成的这道菜"，故而才能"香醇甘美，齿颊留香，两三天仍回味无穷"。从这个意义上说，佛跳墙称得上是厚积薄发、低调奢华了。

除此之外，佛跳墙之所以名声在外，大概还与其起源于神奇传说有关。一说，一群乞丐用黄酒坛子四处讨饭，把讨来的各种残羹剩菜倒在一起加上黄酒烧煮，结果香味四溢，引发酒店老板的灵感。一说寺庙里和尚偷荤，在酒罐里装上各式大鱼大肉，唯恐外人发现，不敢在灶上操作，就偷来佛案上的蜡烛，在罐下烘烤慢熬，不意竟得佳肴（台湾爱国诗人连横就持此说）。这两个传说也有共同点：一是熬制容器要用装陈年黄酒的坛子，受热均匀；二是要用文火，不可着急。

相比之下，流传更广的说法则来自晚清的记载，据说当时福州官银局的一个官员为了讨好福建布政司官员，在家中设宴款待，由其夫人亲自下厨，其夫人将鸡、鸭等十几种荤菜放入绍兴酒坛中，精心煨制。布政司官员回府后赞不绝口，其衙厨郑春发根据布政司官员所讲的用料、烹制方法和成品菜肴的色香味形，反复试制，又加以改革，多用海鲜，少用肉类，结果滋味更佳。多年后，郑春发离开官衙，自办餐馆聚春园，继续充实原料，这道菜终于呈现出如今的面貌。据说，它的原本名字叫福寿全，后来品尝到滋味的文人题诗"坛启菜香飘四邻，佛闻弃禅跳墙来"，又恰好福寿全与佛跳墙在福州话里发音相类，故而才改名为佛跳墙。

这一说法不无道理。从清代的笔记小说看，"食不厌精，脍不厌细"正是当时上流社会饮食的一大特征。比如有京官四人举行鱼翅宴会。他们先买了上等鱼翅，从中挑最好的放蒸笼中蒸烂。再选上好火腿四肘、鸡四只，火腿去爪、骨再滴油，鸡去内脏、爪、翅，煮烂取其汤汁，然后，以鸡鸭火腿各四只，放入此汤汁中煮熟，去掉油，再将蒸烂的鱼翅放进去。为了吃上这顿鱼翅，"所耗各物及赏犒庖丁之费计之，约三百余金（当指白银）"。清代县令一年的俸禄是白银 45 两加大米 22.5 石，约合白银 90 两。换句话说，一顿鱼翅饭，居然吃掉了县太爷将近 4 年的工资。这吃的哪里还是鱼翅，分明就是银子！再看晚清时代成形的佛跳墙的工艺如此繁复，与这一鱼翅宴恰是异曲同工。

尽管此说仍旧没有寻到佛跳墙的本源（郑春发只是改良，官员夫人煨制做法不知从何而来），却恰好印证了郁达夫对于博采众长的闽菜的论断——"福建既有了这样丰富的天产，再加上在外省各地游宦官营商者的数目众多，作料采从本地，烹制学自外方，五味调和，百珍并列，于是乎闽菜之名，就喧传在饕餮家的口上了。"

◇ 菜 谱 · 佛 跳 墙 ◇

佛跳墙是在晚清时期成形的闽菜代表。

主料：干鲍鱼（或新鲜珍珠鲍）、干海参（或市场售水发海参）、老母鸡汤、
　　　鸭胸肉（或鸭腿肉）、火腿、五花肉、猪爪、冬菇（或泡好的干香菇）、
　　　草虾（或河虾）、文蛤、鸽子蛋（或鹌鹑蛋）、冬笋、西兰花等

做法：鸭胸肉、猪爪焯出，鲍鱼洗净，发干海参；火腿、鲍鱼蒸熟，五花肉
　　　焯水，冬菇、冬笋、鸽子蛋煮好；炒鸭腿、猪爪；再放入其他肉类，
　　　加老母鸡汤，冬菇和冬笋最后放；砂锅炖五小时收汁盛出；周围摆上
　　　西兰花和鸽子蛋即成。

白饭晨餐豉与虾，乌龙尤胜架非茶。发睛黑似吾华种，已见葡萄属汉家。

——潘飞声《澳门杂诗》

独一无二的土生葡人

晚清年间曾在德国柏林大学讲学的潘飞声（1858—1934年）在 1895 年及 1908 年两次到过澳门。他对澳门独特的社会风情赞叹不已，并在第二次来澳门时写了一组 12 首的《澳门杂诗》。上面这首，也就是其中的第四首，活灵活现地展示出了一个习俗与血统两方面都正在经历"本土化"的族群——"土生葡人"。

所谓"土生葡人"，在葡萄牙语中称"Filhos da terra"，其意相当于中文里的"本地人"或"当地人"。

澳门华人称之为"土生人"。有趣的是，葡萄牙本土出生者不是土生葡人，葡萄牙的非洲殖民地也没有土生葡人，这是一个只属于澳门的概念。

土生葡人的渊源可以追溯到 400 多年前。15 世纪葡萄牙人出海远征之时，为了减少闲散人员和避免分散男人的精力，国王下令禁止妇女随船出征。直到 1505 年才打破禁令，允许贵族家庭的女性成员随行。不过，按照 16 世纪的航海条件和科技水平，从葡萄牙坐船抵达马六甲海峡以东，少说也需要两年时间。海上航行风险极大，实际上很少有葡萄牙的或欧洲其他国家的妇女随船同行。

于是，葡萄牙商人在旅途中常常携带男女奴隶，特别是从印度、马来西亚甚至非洲贩卖来的女奴，这些女奴常常成了葡萄牙商人的同居伙伴。葡萄牙人同贩卖来的各地女奴之间肯定有子女出世。这些子女在大多数情况下，其父母承认他们并为他们洗礼。如果是女婴的话，可能会给她们备置丰厚的嫁妆，将她们嫁给同事或同事之子。这便是第一代土生葡人。按照当时的定义，必须父母任何一方是葡萄牙人（通常是父亲）才被认为是土生葡人。对此，早有葡萄牙学者不无感慨地表示，"的确，在东方，凡是葡萄牙人留下过遗迹之处均产生过十分丰富的基因混合。他们把已十分混杂的伊比利亚半岛的葡萄牙的遗传基因带到了那里（澳门），又通过他们的葡萄牙－亚洲混血的子女将亚洲大陆上各种不同的基因带到了那里（澳门）"。这些妇女是家庭中烹饪任务的主要承担者，由她们带到早期澳门来的、以葡萄牙风格为基础、融汇了印度和东南亚风格的烹饪，也就成为澳门土生葡人饮食文化的滥觞。

　　起初的土生葡人菜肴，当然与中国菜式不同，因为这时它还未与中国饮食文化亲密接触。虽然早在1637年，英国人芒迪在《澳门记事》中就称澳门"全城除一名葡萄牙出生的妇女之外，居民的妻子，不是中国人就是中葡混血儿后代"。但是实际上，在葡萄牙人入据澳门后的较长一段时间里，明清政府的地方官员禁止他们进入华人居住区，因此他们较少与华人通婚。直至19世纪后，中葡通婚的情况才逐渐多了起来。比如，1822年至1870年，在风顺堂教区有35条葡萄牙人与华裔妇女通婚的记载。这些土生葡人一方面保持葡萄牙人的传统生活方式，一方面又适应华人社会的生活习俗。正如一位土生葡人所写诗歌描绘的那样："我既向圣母祈祷，也念阿弥陀佛。"

　　在这种情况下，饮食文化的互相影响不可避免地发生了。就像一个西方观察家注意到的那样，中西方饮食文化在澳门的交融已经到了这样的地步，以至于"澳门的葡萄牙人常常到中国餐馆进餐，而中国人也经常进入葡萄牙餐馆。在许多比较小的餐馆，人们可以同时预定葡萄牙鸡和中式炒面，许多本地小饭馆则以这种方式把各种食物混合起来制饭"。久而久之，土生葡人的饮食习惯甚至可以以"用筷子吃牛排，用刀叉吃米饭"来形容了。

葡萄牙"国菜"的澳门版

无论后来如何演变，"土生葡国菜"顾名思义，终究是从本土的葡萄牙菜移植而来的。葡萄牙人于嘉靖三十二年（1553年）入据澳门"时仅篷累数十间"，到了嘉靖四十三年（1564年）已经"夷众殆万人矣"。兴旺的海上贸易帮助澳门从一个小渔村发展成为"高栋飞甍，栉比相望"的繁荣港市，葡萄牙本土的饮食文化也随之传入澳门。比如著名的"葡式蛋挞"，其实也是由英国人将葡萄牙蛋挞带到澳门，并在英式奶黄馅饼的基础上减少糖的用量后，才演变成为闻名世界的澳门美食的。

近代的华人其实对番菜并不感冒。在广州居住了20年的威廉·亨特曾在自己的《旧中国杂记》里记录了一位罗姓盐商子弟对西餐的感受："……这些'番鬼'的脾气凶残是因为他们吃这种粗鄙原始的食物。他们的境况多么可悲，还假装不喜欢我们的食物呢！"但在华洋交往密切的澳门，却出现了华人崇尚西食的相反局面："面包干饼店东西，食味矜奇近市齐。饮馔较多番菜品，唐人争说荠喱鸡。"

葡萄牙人懂得享受，喜食蛋白质丰富的美食，包括清炖肉（鸡）汤、香菇虾馅小酥饼、野味肉冻、小牛肉、牛舌、烤甜饼、干酪火鸡、奶酪及各式蛋糕等。很自然，他们也把自己的"国菜"——鳕鱼，带到了澳门。

葡萄牙面积仅 9.2 万平方千米（相当于浙江省），人口至今只有 1000 多万（不到浙江省的 1/5），但却是世界上鳕鱼消费最多的国家。葡萄牙人把鳕鱼称为"最忠诚的朋友"。每逢圣诞节，鳕鱼与火鸡一样，都是葡萄牙人丰盛的"年夜饭"餐桌必不可少的食物。

葡萄牙人对鳕鱼的热爱可说是由来已久。中世纪的葡萄牙渔民发现了北大西洋丰富的鳕鱼资源。久而久之，捕捞鳕鱼遂成为葡萄牙的一项传统。当初，每次出海都耗时三四个月，甚至半年，渔船返程时无论如何是带不回新鲜鳕鱼的，于是渔民们便把鳕鱼腌制晒干。出乎意料的是，经过腌制晒干的鳕鱼极易保存，便于随时食用，而且据当地人评价，其味道还优于鲜鱼。这就形成了葡萄牙人沿袭至今的食用干腌鳕鱼的传统。当地甚至有句尽人皆知的俗语，"鳕鱼有一千零一种做法"。其中比较常见的有炸鳕鱼球、鳕鱼馅饼、鳕鱼饭、烤鳕鱼、奶油鳕鱼等。

对于大航海时代思念家乡菜肴的澳门葡萄牙人而言，美味的腌制鳕鱼更是一个福音。澳门与西欧毕竟远隔重洋，如果把葡萄牙菜的传统原料用船运至澳门，囿于当时落后的保鲜技术，有的东西可能在半途就要烂掉，但运送鳕鱼却毫无压力。16 世纪的葡萄牙渔人捕获鳕鱼后，将鳕鱼直接埋于盐堆里，经过数月以上的航海时间，鳕鱼被辗转运至澳门。那时，鱼肉已被腌至咸涩，其浓重的咸味使澳门华人将其称作"葡国咸鱼"。鳕鱼必须被置于每天换两次的清水中泡三天去咸才拿来做菜，葡萄牙人自己则将其叫作"马介休"（Bacalhau）。由于葡萄牙人喜欢在用餐的时候佐饮一些葡萄酒，马介休咸鱼重口味的特质及其独特的香味，恰好成了做下酒菜最佳的食材。

在澳门葡国菜的食谱上，马介休同样也是当之无愧的明星。马介休薯蓉汤、白烩马介休、鲜什菜烩马介休、菠菜汁烩马介休、酥炸马介休球……到处都能叫人大快朵颐。其中的"马介休沙律"（即鳕鱼沙拉）被称为"大班名菜"。其烹调方法为，"将未经煮过的马介休切片，混用洋葱、香菜及橄榄油做的味汁一起吃"，可使鱼肉更加鲜美爽口。用马介休以及马铃薯蓉作主要材料，再加上鸡蛋、芫荽，油炸而成的"炸马介休球"，也是一道必然出现于澳门各大小西餐厅菜牌上的菜式。

至于另一种马介休菜式的做法，更能彰显葡国菜在澳门的发展与变化，这就是"椰汁炒马介休"。椰子是一种典型的热带农作物，并不是本土葡萄牙菜有条件选用的食材。偏偏澳门的土生葡人，用椰汁（而不是牛奶）配上马介休，再以辣椒、胡椒粉等调味，制成了一道澳门特色菜肴。实际上，它只是葡萄牙菜在澳门"异化"的一个代表。如今的澳门葡国菜与正宗葡萄牙菜相比，更加味浓，而且较咸。另外，主食方面，澳门葡国餐也较多采用米饭，而正宗葡萄牙餐和其他西餐则较多用面包。

大航海的印迹

实际上，椰汁炒马介休中所用的辣椒、胡椒粉乃至椰汁，与《澳门纪略》里葡萄牙人"饮食喜甘辛，多糖霜，以丁香为糁"的记载一样，很容易令人联想到澳门葡国菜历史上所受到的印度、东南亚影响。毫无疑问，这正是大航海时代留下的印迹之一。扬帆出海的葡萄牙人本就是为了寻找香料前往东方。1511 年，阿方索·德·阿尔布克尔克统领葡萄牙舰队攻陷马六甲后，隔年旋即派遣安东尼奥·德·阿布鲁率领三艘帆船，在马来西亚领航员的指引下继续往东航行，找到了丁香与肉豆蔻的产地———马鲁古群岛（香料群岛），也就（一度）获得了对东南亚香料主要产地的绝对控制权及对欧洲等地香料贸易的绝对垄断权。如此一来，接下来所发生的事情就变得顺理成章了：澳门葡国菜中的许多调味料都不是葡萄牙所有或葡萄牙人采用的，而是由葡国人在航海活动中搜集和带来的香料混合而成的，如咖喱、香草、咸虾酱、丁香、香叶、黄姜粉等。其规模之大，使得当代葡萄牙的澳门问题专家安娜·玛利亚·阿马罗研究土生葡人的菜谱后惊呼，"奇怪的是源自葡萄牙古食谱和印度、马来西亚的食品多于中国食品"。

的确，澳门葡国菜里包含着果阿邦和马六甲海峡烹调的情趣。其中尤其以咸虾酱最富南洋特色。20 世纪早期，土生葡人甚至被华人叫作"咸虾灿"。直到几十年后，这种带有侮辱性的称呼才告消失。但从中也可以想见当年土生葡人对于咸虾酱的嗜好程度了。

咸虾酱的原产地，在千里之外的马六甲海峡一带。当地的马来西亚渔民习惯用月桂叶、丁香、盐、黑胡椒粒以及酒来腌制银虾，在烹饪饭菜时作调味之用。考虑到澳门土生葡语中不乏来自马来语的古老借词，而且这些词语主要是有关家政的，那些承担家务的马来西亚妇女自然很容易将故乡的烹饪手法带入澳门葡国菜之中。

或许她们来到澳门之后会发现一个惊喜。这个荒僻小岛位于珠江口西岸，咸水和淡水相交，适合多种鱼虾生长。当地华人居民自古就以打鱼为生，鱼虾等海鲜产品本就是日常菜肴。"虾酱产于香山，家有数瓮，终岁食之。""虾之种类甚繁，小者以白虾，大者以宁虾为美……其虾酱则以香山所造者为美，曰香山虾。"从《粤东闻见录》与《中国风土志丛刊》的记载来看，长期以来，香山咸虾酱都是澳门本地人不可缺少的美味佳肴。

于是，葡萄牙人来到澳门后便在华人渔民所产的本地虾酱中加入中国料酒、月桂叶、丁香、胡椒粒等物，制成具有澳门特色的咸虾酱。咸虾酱被应用于不少菜肴里，譬如鲜虾汤、米粉、猪肉炒鸡蚬，也被用来搭配干烧鱼类、豆腐、米饭甚至素菜瓜果，可以说是土生葡国菜中使用率非常高的调味酱料。这是因为咸虾酱的可塑性强，配搭任何食材都可以与之融合互补，既保持食材的味道，又能带出独特香味。除了调味之外，咸虾酱略加变化，以油爆香，便是一碟惹味（广东话"好味""入味"的意思）的蘸酱。

在澳门土生葡人的家庭聚会中，常常出现大杂烩这道菜肴。这道菜其实就是用番茄和洋葱爆锅，然后加进各种肉（主料是一只鸡），配上芥末、盐和胡椒这些作料。而咸虾酱在其中的妙用就是当作酱汁蘸食物食用。

至于椰子，同样也是澳门葡国菜中一种很有个性的配料。澳门葡国菜里的甜点与本土的欧式甜品很不相同，多多少少与果阿邦或马六甲海峡的甜品风格有关。之所以能够做此判断，是因为澳门之地尽管也接近椰子产地（比如海南岛），但从《旧中国杂记》的记录看，晚至19世纪早期，椰子在澳门的各种中式点心里的存在感仍旧不强。在威廉·亨特一口气提到的"各种极珍贵松饼""精致的包子""用料名贵的饺子""美味的白面糕"以及"总是那么好卖的蜜糖煎饼"等各色点心中，可能只有欧式的"松饼"里会用上椰蓉（以及牛奶和牛油）。

反过来，椰汁几乎"支配"着澳门葡国菜中的甜品。大名鼎鼎的豆捞就是在煮成胶状的黄糖中加入椰蓉、松子，慢火煮，熄火后趁热将糯米粉及豆粉逐渐加入，搓成粉团，将粉团倒入模盘内冷却，切成长方形后浇上豆粉，再用米纸包好制成。在土生葡人的文化里，豆捞扮演着重要角色，它是圣诞节时食用的甜品，代表耶稣基督诞生时所用的垫褥。至于甜饭更是直接从马来西亚一带的椰汁糯米饭演化而来，主要材料也只是椰汁和糯米。土生葡人所食用的甜饭是将米放在椰汁里煮，若想增加米饭的椰香味，可在饭差不多煮熟时加入椰蓉，再放糖，直至饭熟透。可以说，几乎所有源自果阿邦或者马来西亚的土生葡人菜肴，无论口味是酸是甜，都少不了放入椰汁。它与辣椒、胡椒粉一道，为澳门葡国菜带来了浓烈的亚洲热带风情。

东方的美味

有趣的是，澳门葡国菜与日式料理之间也有一些渊源——这当然是16—17世纪澳门与日本海上贸易的结果。如今被视为日本料理代表的天妇罗（将海产或蔬菜裹上淀粉浆油炸）其实就来自葡萄牙语 tempurá 的音译。澳门葡国菜中有名的"免治"也与日本有关。

"免治"（minchi）一词，来自英文"minced"的讹音，指剁碎或绞碎，此菜式其实源自印度，原本只是用猪肉做材料。来到印度的葡萄牙人在烹饪这道菜肴时改用牛肉，为的是将自己与不吃牛肉的印度教教徒区分开来。后来，葡萄牙人将免治带到了日本和中国澳门地区。有趣的是，在澳门食用免治时，配菜是一个煎蛋。这个做法，原本也是17世纪在日本的葡萄牙天主教教徒辨别身份的方式。

当然，所谓"近水楼台先得月"，相比日本料理，中国菜对于澳门葡国菜的影响自然更明显一些。比如澳门土生葡人妇女分娩后，保姆或者亲戚会给她准备黄姜粉鸡，这道菜是十分明显的中式菜肴，由鸡蛋和姜做成（黄姜可以祛风）。土生葡人的这一习俗，已经与本土葡萄牙人相去甚远——在葡萄牙北部，产妇分娩后30天内会给她们喝鸡汤米粥。

在长期的交往中，土生葡人亦借用了中国人的饮食智慧、中式食材及烹饪方法，这也是正宗葡萄牙菜逐渐分化衍生出澳门葡国菜的因素之一。从口味方面来看，一般而言，澳门葡国菜比粤菜味浓，用咖喱、椰汁做调味料较为普遍，有的菜还用辣椒。咖喱、椰汁的普遍使用，使葡国菜的风貌与各类中餐显著不同，吃惯中国菜的人士会由此而感受到一种异域风味。

如同前面所说，澳门土生葡人的主食，已经变成了米饭。但他们烹饪米饭的方式却显得有些特别。中国人一般只是将大米和水混合，煮成白米饭。而土生葡人却另辟蹊径，将许多调味料与米一起放入锅中，却又不像中国的什锦炒饭那样"炒"，而仍旧煮熟后食用。"摩罗饭"这道菜看从名字到做法，都显得不太"中国"。土生葡人把"摩罗饭"叫"arroz pilau ou mouro"。其中的"arroz"与"pilau"都是"饭"的意思。这道菜，放进了橄榄油、月桂叶、丁香、葱、番茄、蒜头，煮成汁之后再与米、水共煮，成为澳门葡国菜中的名品。

澳门葡国菜里的招牌菜葡国鸡同样有着中国菜的渊源。这道菜香味浓郁、鸡肉鲜嫩可口，通常作为全套葡国菜的主菜，与佐餐酒配合则风味更佳。虽然名字里有"葡国"两个字，其实葡国鸡跟葡萄牙的关系就跟松花蛋之于松花江一样，非常远。之所以称之为"葡国鸡"，只是因为澳门的土生葡人厨师，首创性地融会了中式烹调鸡的方法和来自南亚、东南亚的香料、咖喱和椰子，以及典型的葡萄牙风味的橄榄等食材，最后用西式烹调的烤法，缔造出了这款地道的澳门美食。

值得一提的还有"焖烤猪肉"与"什锦饭"。焖烤猪肉采用中国传统的烧法，将肉煮熟，放在猪油中炸成焦黄，然后浇上胡椒、藏红花、桂叶和蒜末之类的调料；什锦饭则是一道中西合璧的主食，以番茄汁调味的米饭为主，配以大香肠片、中式火腿、鸡肉、葡萄干、煮熟的鸡蛋、土豆和炸面包干等。这些菜肴当然难以撇清与中国菜的关系，但非要将其归入中国传统菜系中的任何一个，却又有些牵强。

这恰是澳门葡国菜的一个缩影。明清时期的澳门因历史的机缘成为中西饮食文化交汇融合之窗。随着历史的变革和中西文化的交流，澳门土生葡人的饮食文化日渐偏离葡萄牙本土，带有明显中西合璧的澳门饮食文化逐渐形成。作为中外文化交流的一朵奇葩，"亦中亦西，非中非西"的葡国菜也成了澳门饮食文化的一道靓丽风景，在岭南乃至在中国的饮食文化版图中独树一帜。

◇ 菜 谱 · 葡 国 鸡 ◇

主料：鸡、土豆、洋葱、蒜、鸡蛋

配料：黄姜粉、咖喱粉、椰奶、牛奶、盐、油等

做法：将鸡剁成小块，将土豆切成和鸡块一样大小，并煮成七成熟；将洋葱
　　　切成条，将蒜剁成蓉备用；用盐腌一下鸡块，约10分钟；旺火，倒入油，
　　　倒入洋葱、蒜蓉炒出香味，再下黄姜粉和咖喱粉爆炒，直到有香味，
　　　下鸡块爆炒，不停搅动鸡块；烧到鸡肉五成熟时，倒入椰奶、牛奶；
　　　再将烤箱预热到200摄氏度；最后加入七成熟的土豆块，炒到土豆入味，
　　　关火；把鸡块等装入烤箱盘，入烤箱烤20分钟；最后将烤熟的鸡块
　　　及汁倒入容器中，再用已成片的鸡蛋片做装饰即成。

辣子鸡、回锅肉、泡海椒炒肉、牛毛肚火锅、水煮鱼、毛血旺、剁椒鱼头……诸如此类的美味佳肴，无不仰赖辣椒而吸引无数吃货。正是由于辣椒这种原产于美洲的农作物的引入，在短短 300 年间，中华饮食版图被彻底重铸了。

原产在何方？

如同传统中医相信各种食物均有"温热寒平凉"的药性一样，中国人习惯将餐桌上的各种食料区分为"五味"。只不过，随着历史的演进，古代的"五味"——"甘、酸、苦、辛、咸"，变成了如今的"甜、酸、苦、辣、咸"。其中的"辛""辣"虽然一字之差，口味上却有天壤之别。

实际上，古代的"辛"味泛指葱、姜、蒜、花椒、桂皮、茱萸、韭、薤、芥子等蔬菜的刺激性味道，辣味只是其中的一种（《说文解字》甚至未收入"辣"字），这与今天的"辛"只指辣味大相径庭（辣的本意就是"辛甚"，即特别"辛"）。譬如，明代王士性（人文地理学家、浙江台州人）在《广志绎》中就记载："河北人食胡葱、蒜、薤，江南畏其辛辣。而身自不觉。"由此可见，直到明代万历年间（1573—1620 年），"辛辣"指的还是葱、蒜之类的刺激性味道，与如今所指，着实大相径庭。

花椒、姜、茱萸是中国民间的三大传统辛辣调料。早在《诗经》中便多处提到花椒，比如《诗经·唐风》中就记载，"椒聊之实，蕃衍盈升"，赞花椒丰收。南北朝时期的《荆楚岁时记》中也记载了饮椒柏酒的风俗。根据徐光启《农政全书》卷三十八记载，明代人多食花椒油，今山西地区喜欢用花椒油来点灯，足见花椒在中国历史上的社会生活中的影响远比现在大。此外，在明清时期的地方志的物产类中，同样大多数都有关于姜的记载，说明生姜的食用十分普遍。至于茱萸在中国古代，除了作为祭祀、佩饰、药用、避邪之物，也是寻常的辛辣料。明代李时珍的《本草纲目》里就记载，茱萸"味辛辣，入食物中用"。然而，此情此景在今天已经不复存在了。花椒的食用被挤缩在其原产地四川盆地内，茱萸完全退出中国饮食辛香用料的舞台，甚至姜也从饮食中大量退出。

这一改变，源自辣椒的出现。在植物分类学上，辣椒属于茄目茄科。这是一个对人类餐桌贡献极大的植物群体：除了辣椒之外，人们熟悉的马铃薯、茄子、番茄、枸杞也都属于这个科。辣椒本身也是茄科下的一个属，包括了好些不同的种类。光是常见的栽培辣椒就有五种，也就是辣椒、黄灯笼辣椒、灌木状辣椒、浆果状辣椒和绒毛辣椒。之所以如今的中文名字叫作辣"椒"——而不是更加合理的辣"茄"——与"花椒""胡椒"并称，也是因为它的"辛辣"。其实这三者之间，彼此的亲缘关系差得很远——花椒属无患子目，胡椒属胡椒目。

辣椒的原产地不在中国，而在太平洋彼岸的南美洲。最早的野生美洲辣椒今天仍自然生长在加勒比地区、墨西哥和哥伦比亚的土地上。据说，早在公元前 7000 年的墨西哥一带，人类就已开始采集野生辣椒并将其用于烹饪。而人工培育辣椒的历史也可以追溯到公元前 5000 年的中美洲。在欧洲人到来之前，古代美洲人的主要食物是玉米、豆类和南瓜。重口味的辣椒在这些营养丰富但又特别温和的食物里所起的调味作用不言而喻，以至于缺少了辣椒，他们吃起东西来便会觉得索然无味，丧失了味觉的快感和满足感。直到今天，墨西哥人还是吃辣椒的行家里手。他们几乎顿顿饭都离不开辣椒，一般是把辣椒、番茄、香菜和洋葱切碎，做成凉菜，卷在玉米饼里吃。有人甚至在吃水果时，也要撒下点辣椒面儿。另外，墨西哥人甚至像吃花生米一样，用小如豌豆的辣椒下酒。

到了 1492 年，哥伦布在新大陆发现了辣椒的存在。这位伟大的航海家第一次航渡美洲时就曾记下："还有一种红辣椒，比胡椒好，产量很大，在伊斯帕尼奥拉岛每年所产可装满 50 只大船。他们不管吃什么都要放它，否则便吃不下去。据说它还有益于建康。"令初来乍到的欧洲人尤为惊奇的是，辣椒是可以直接整个吃掉的。"这里的加勒比人和印第安人吃起这种水果非常自然，就像我们吃苹果一样。"

欧洲殖民者很快发现，辣椒可以取代在餐桌上历史悠久且价值昂贵的胡椒："西班牙人食用辣椒的方式与食用黑胡椒的方式大同小异。他们用辣椒给猪肉菜肴调味……据说用来自墨西哥西部托卢卡山谷的甜猪肉加上辣椒，制成的乔利佐香肠能与西班牙本土的任何一种香肠一较高下。"于是，这种非胡椒的"胡椒"逐渐受到欧洲人的青睐。1493 年辣椒传入西班牙；1526 年传到意大利；1543 年传到德国；1548 年传到不列颠……到了 16 世纪中叶，辣椒已传遍整个欧洲。

大航海时代的世界已经连为一体。同样是在 16 世纪，葡萄牙人在非洲购买奴隶时，把辣椒带到非洲大陆并传播开来。这些早期的殖民者还从巴西经过里斯本到达葡萄牙在印度的领地果阿，并在那里栽培种植辣椒。到了 1520 年，至少有三种辣椒品种在果阿的土地上生长。辣椒开始在南亚各地传播，后又通过马六甲海峡，传播到东南亚。大约也是从辣椒传入之时起，泰式辣椒酱就一直是泰国饮食体系里不可或缺的一部分。这种辣椒酱以发酵的鱼酱或虾粉打底，再加入大蒜、青葱、柠檬汁、糖与切碎的辣椒（新鲜辣椒、干辣椒都有）一起混合而成。无论是鱼、肉或蔬菜，都可以在吃之前蘸汁调味。

接下来就轮到了东亚。野心勃勃的早期西方殖民者无意间充当了物种"运输大队长"。与其他极大改变了中国人食谱的美洲农作物——比如甘薯与玉米——一样，辣椒也是通过海上商路在明朝后期进入中国的。正是由于它的舶来品身份，辣椒与玉米一样在各地有了数不清的俗称，譬如番椒、地胡椒、斑椒、狗椒、黔椒、海椒、辣子、茄椒、辣角、秦椒……

中土登陆记

考察中国历史上关于辣椒最早的文献记载，通常的说法是明代杭州人高濂所著《遵生八笺》。书中这样写道："番椒丛生白花，子俨秃笔头，味辣，色红，甚可观。"不过，《遵生八笺》虽说写于1591年，但存世的版本较为晚出。所以也有人提出，王象晋的《群芳谱》（1621年）才算是辣椒在中国史籍上的第一次"现身"。这本书记载："番椒，亦名秦椒。白花，子如秃笔头，色红鲜可观，味甚辣。"

无论《遵生八笺》与《群芳谱》孰先孰后，两者倒是都记载了辣椒的颜色鲜艳、"可观"。看来，辣椒最早引起古代中国人注意的地方，是它的颜值。高濂更是将辣椒记入《遵生八笺》之五"燕闲清赏笺"的"四时花纪"，在此处作者描述的是各种花卉应当如何种植，包括玉兰花、迎春花、桃花、蝴蝶花以及辣椒。要是这么看的话，辣椒最初进入中国的时候，至少在一些人眼里，它是一种观赏植物。晚至康熙二十五年（1686年），《杭州府志》依旧宣称，辣椒为"盆几之玩"，"不可食"。

幸好，人们对辣椒的兴趣还是逐渐从视觉转移到了味觉上。康熙十年（1671年）浙江绍兴府的《山阴县志》记载了"辣茄，红色，状如菱，可以代椒"。这是国内方志中最早的关于辣椒可以代替胡椒用作调味品的记载。随着对辣椒特性的了解，人们还逐渐在实际生活发现，辣椒，越小越尖越皮薄越辣。由此，人们也把厉害、泼辣的人叫"辣子"。《红楼梦》中就有一段传神的描述：贾母称王熙凤"是有名的一个'泼辣货'，南京人所谓'辣子'，你们只叫她'凤辣子'，就是了"。

由于长江水系沟通了长江三角洲与中上游各省的联系，地处长江中游的湖南也继浙江之后出现了有关辣椒的记载。康熙二十三年（1684年）的《宝庆府志》和《邵阳县志》都记载了"海椒"，这一名称本身就表明湖南的辣椒很可能传自海边的浙江等地。

话说回来，率先大规模品尝辣椒滋味的，并非湖南，而是邻省贵州。康熙六十一年（1722年）的《康熙余庆县志》记载："海椒，俗名辣火，土苗用以代盐"。最初辣椒传入贵州是作为药品使用的，但对于经济困难、生计窘迫的下层民众而言，购买食盐是一笔不菲的开支，于是他们就成了食用辣椒的先锋："椒之性辛，辛以代咸。"当然，从营养学角度来说，辣椒虽然富含钾、镁和铁等人体所必不可少的微量元素，却未必可以取代食盐（氯化钠）。其实，清代也有人意识到了这一点，认为用辣椒代盐不过是"诳夫舌耳，非正味也"。

与世界其他地方一样，辣椒在调味品的竞争里大获全胜。相比中国本土的茱萸，辣椒在种植、贮藏、加工和食用方面的便利性和品种的多样性等方面都具有压倒性的优势。茱萸作为乔木，种植需要肥厚土壤；而辣椒，即便在山区贫瘠土地上也可生长。作为调料，茱萸一般需碾磨成粉，或久煮以调味，因此在使用方便性上也远远不如辣椒。结果，辣椒很快就在贵州取茱萸而代之，进而成为日常食用的蔬菜；食用辣椒的习惯也迅速从下层百姓传至整体民众。乾隆时期成书的《贵州通志》《黔南识略》和《平远州志》都有关于辣椒的记述，充分证明当时贵州人吃辣椒已成风尚。

以贵州为发端，吃辣椒的习惯逐渐"四处开花"。乾隆年间，与贵州相邻的云南镇雄和湖南辰州也开始食用辣子。同样在这个时期，生活在扬州的苏州人郭麟也注意到了南北饮食习惯的不同。他在《樗园销夏录》里说，"北人堆槃生食（辣椒），以盐蘸之，可尽数枚"。以此观之，当时山东、河北一带也已很流行吃辣椒。相比之下，反而是较早接触到辣椒的江浙一带态度保守。《樗园销夏录》记载："辣椒，吴人谓之辣虎"，"仅食少许耳"。迟至嘉庆七年（1802 年），江苏《太仓州志》才首次记载了"辣椒⋯⋯可和食品"。直到今天，苏州、上海一带的吴语仍旧将"辣椒"称为"辣虎"，仿佛畏之如虎，而以温州、台州为中心的浙东沿海一带也依然是中国饮食版图上辣度最低的地区。

与之形成鲜明对照的是，到了清代后期，食辣的习惯已经以贵州为中心扩散到几乎整个西南官话地区以及邻近的湘、赣方言地区，成为一个地域鲜明的饮食特征，一如民谚"四川人不怕辣，贵州人辣不怕，湖南人怕不辣"所言。道光年间，贵州北部已经是"顿顿之食"都离不开辣椒了，到了清代末年徐珂所著的《清稗类钞》里，情况更变成"滇、黔、湘、蜀人嗜辛辣品"，湖南人"无椒芥不下箸也。汤则多有之"。湖南人吃饭连汤里都要放辣椒，足见嗜辣成瘾。同时期的徐心余在《蜀游闻见录》中称"惟川人食椒，须择其极辣者，且每饭每菜，非辣不可"，与今日的印象已大抵相同了。

为何吃辣椒？

对于辣椒在短时间内迅速风行西南地区这一情况，有论者以为这与地理条件有关。所谓"这些地域重口、嗜好辣，是因为晒不到太阳。在这些省区人口中，越是居于山区的人，嗜辣口味越重。因山中云雾多，山高，气温更低，嗜辣椒以御寒"云云。

不过，若是认真推敲的话，这种"地理决定论"其实是颇可怀疑的。且不说湖北、湖南并不乏平原，地处长江中下游平原的江西省气候条件接近江南，也颇为嗜辣。至迟到嘉庆年间，当地居然也是"群嗜一物名辣枚，又名辣椒……味辛，辣如火，食之令人唇舌作肿，而嗜者众"。

太平天国运动以后，安徽南部人口锐减，两湖农民"趾踵相接，蔽江而至"来到此地。按理说，这里各方面的地理条件都与江浙地区没有什么区别，但这些新移民并不曾因为已经可以晒到太阳而口味变淡，反而喧宾夺主，形成了"到了宣（城）、郎（溪）、广（德），辣得口水淌"的局面。

甚至在太阳辐射一贯稀缺，早就存在"蜀犬吠日"之说的四川，其地方饮食口味也并不是一贯的嗜辣。早期的川人，其实与后世的江南人一样喜欢甜味。汉代扬雄的《蜀都赋》指出，当地居民"调夫五味，甘甜之和"。这种情形延至三国时期，魏文帝曹丕曾评论道："蜀人作食，喜着饴蜜。"此后虽然有巴蜀之人"尚滋味""好辛香"的记载，但宋朝的苏轼（四川眉山人）作为著名的美食家，有以其名命名的"东坡肉""东坡豆腐"等名菜流传至今，这几道菜的口味却并没有重到哪里去。当然，四川在元明、明清之际两遭兵燹之灾，人口大迁移。但当地地理条件总归变化不大，因此在经历了"湖广填四川"的大洗牌以后，清代诗人张问陶（四川遂宁人）在乾隆戊申年（1788 年）所作的《忆家园》里还说"滑可流匙好蔗霜"，表明重甜仍为当时的川人所接受。甚至晚至抗日战争时期旅居重庆的张恨水还说，"人但知蜀人嗜辣，而不知蜀人亦嗜甜……惟川人正式宴客，则辣品不上席"。

相比有些不能自圆其说的"地理决定论"，辣椒在清代后期的流行更可能是两个因素结合的结果。首先，辣椒开始进入中国人食谱的时期，恰好是中国前所未有的人口大爆炸时期，道光年间（1821—1850 年），中国人口已经突破 4 亿，达到了传统农业社会所能容纳的极限。穷困限制了数量庞大的下层居民购买调味料，如同最初"以椒代盐"的贵州苗民一样，相似的境遇促使越来越多的民众转向辣椒这种性价比极高的副食品。可鲜食，可以配菜蔬炒着吃；也可生吃、腌制做泡菜；还可晒干挂藏，以及加工成辣椒酱、辣椒粉调味。辣椒种植不挑气候、土壤，在中国大多数地方收获期长达半年，作为副食拿来下饭，的确再实惠不过了。辣椒还有丰富的维生素 C。从历史记载看，嘉庆、道光时期，辣椒在贵州遵义府成为"每味不离""顿顿之食"的"园蔬要品"，并且"贫者食无他蔬，一碟番椒呼呼而饱"。邻省云南，情况与之类似，广南县农民"无蔬食，每日佐餐之物只辣椒及盐二种"。由此可见，辣椒对于满足贫民下饭果腹的需求具有何等重要的意义。难怪时至今日，在西南地区仍流传着一句俗语："辣椒是咱穷汉子的肉！"

其次，是辣椒本身的特性。由于辣椒素的作用，辣椒能够刺激唾液分泌，使人增进食欲。辣味并不是通过味蕾感受到的一种味道，而是辣椒素刺激了三叉神经，三叉神经将信号传到大脑后，经过分析后得出的热觉与痛觉的混合物。当辣刺激到了疼痛介质，大脑以为有痛苦袭来，会释放止痛物质内啡肽，随着内啡肽水平的提高，人们就会产生痛快、愉悦的感受。其结果就是使人兴奋，大提精神，民间有句俗语，"吃辣上瘾"，说的就是这个道理。

这两个因素结合在一起，就使得吃辣椒的风气首先在下层民众里扎根，进而向整个社会扩散。"牛毛肚火锅"就是典型的例子。1948 年，四川著名作家李劼人在《漫谈中国人之衣食住行·饮食篇》里对这种发源于重庆江北最初为船工所食用的食物进行了生动介绍，并预测这种在当时未登上大雅之堂，但又辣又麻又咸的美食，前途无量。虽然同一时期有人攻击其"终非川菜之正途"，但事实终如同李劼人所料，如今，以牛毛肚火锅为代表的四川火锅，已经传播至全国各地，成为辛辣饮食品种最典型的代表。足见各种名吃名菜，最初都源于劳苦大众，是劳苦大众的创造和发明，这与食用辣椒习惯的扩散，实在如出一辙。

辣椒如何吃？

如今，以牛毛肚火锅为代表的四川火锅，已经传播至全国各地，成为辛辣饮食品种的典型代表之一。而食用辣椒的风气更是早已从西南走向全国，无论是在习惯清淡口味的羊城，还是口味偏甜的沪上，重辣的湘菜、川菜都已登上了大雅之堂。甚至京城的代表菜肴北京烤鸭，也为了迎合大众的口味而做出改变。据说，一些北京烤鸭餐馆在配菜黄瓜外加入了辣椒，或用辣椒酱替代了传统的甜面酱……

虽说不是中国的本土作物，但在经历了三四百年的演进之后，辣椒已在国人的饮食生活中演绎出不同的风味。比如，四川、重庆一带讲究的是"麻辣"，即在辣椒中要佐以麻椒使其口味更加香醇。辣椒在嘴里产生的感觉与花椒不同，后者像是局部麻醉剂一样，会给口腔带来一种刺痛和麻木感，而伴随辣椒而来的是舌尖的滋滋灼烧感。"宫保鸡丁"可说是一道国际知名度极高的川菜。20世纪末美国总统克林顿访华时，有人问他对中国最深的印象是什么，克林顿居然幽默地回答说："宫保鸡丁。"他认为这是非常难得的美味。

因为晚清时期担任过四川总督的丁宝桢（1821—1886年）当过太子少保，人称"丁宫保"，再加上传说他十分爱吃花生，改良了原来的酱爆鸡丁，所以才有了流传至今的"宫保鸡丁"。这道菜让腌制过的鸡肉丁、葱段以及花生仁一起入锅，大火炒成，在油锅里一起吱吱作响的少不了整颗的干辣椒以及花椒。

而在贵州一带，"酸辣"口味显然占了上风。为了让辣椒能够长时间保存，人们以盐、酒将辣椒腌制成"可食终岁"的泡椒。辣椒经过发酵后，其味酸辣可口。实际上，贵州山区的苗族、侗族早在辣椒引进以前，已有"以酸代盐"的食俗。辣椒流行之后，贵州山区便形成了酸辣口味的菜肴，比如酸辣米粉。顺便提一句，2019年，贵州省的辣椒种植面积竟占全国1/6及世界的1/10。在当年8月召开的遵义辣椒博览会上，遵义还被正式授予"世界辣椒之都"的称号。

至于湖南，当地人更加崇尚的是"干辣"，无须其他作料的辅助，只求辣得彻底。剁辣椒是湖南的一道家常菜。把红辣椒或黄辣椒摘回来，除去表面水分和灰尘，用菜刀剁碎，加入米酒和适量的食盐，拌匀后，用罐子密封，十天后即可食用，其辣度自然可想而知。"干辣"的另一个典型代表就是干锅。湘菜中的干锅通常以牛肉、鱼或豆腐为基础食材，挑选红绿椒、芹菜、豌豆、竹笋、莲藕、洋葱、蘑菇等各式丰盛食材，配以鲜辣椒、辣椒酱、决明子、八角、茴香、茴香籽，以及其他一堆香料，使其在一个小锅里彼此碰撞，快火炒成。

实际上，辣椒是湘菜的主要作料。把辣椒晒干后磨成辣椒粉，即可做任何菜肴、羹汤的调味品。又如把红、绿辣椒切成丝，铺在炒菜上面，既可调味，又可起到装点菜品的作用。简直可以说，湖南厨师离了辣椒几乎无法炒菜，不撒上一把辣椒，总感到不放心、不到位。湘菜中的一些名菜，很善于在"辣"字上做文章、翻花样。"东安子鸡"是将东安县出产的黄色子鸡煮熟后，切成几大块，然后将调好醋、姜、辣椒、盐的鸡汤淋入，用大碗扣住，反复淋几次，至调料味道渗入鸡肉为止。在崇尚"干辣"的湘菜里，东安子鸡反以酸辣味为主，吃来令人齿颊留香，称得上是一道湖南传统名菜。

在五湖四海的各种辣椒吃法当中，最为重口味的恐怕还是水果配辣椒。在云南省西南部的临沧等地，当地人就喜欢将芒果和辣椒凉拌食用。这道"黑暗料理"的做法并不复杂，将芒果剥皮后切成大小均等的小长条，就可以蘸盐和辣椒粉一起吃了。用来蘸辣椒粉的通常是没有成熟的青芒果，它又硬又酸，口感香脆，用盐和辣椒腌制后口感会变得有些类似泡菜，并有浓郁的芒果香味。

虽然没有尝试过的人可能望之却步，云南人自己却似乎很钟情于这种吃法。芒果蘸辣椒粉在大街小巷的水果摊上十分常见，成为云南人老少喜爱的"水果零食"。无独有偶，在广西的一些地方，人们也会用白醋和干辣椒腌着另一种热带水果菠萝吃。据说这样的菠萝尝起来又甜又辣，一点都不酸。当地人将这种用辣椒腌泡的水果称为"酸嘢"，又叫"酸料"。广西人爱吃酸嘢，大街小巷都可以看到卖酸嘢的摊子，几乎各种水果都可以成为做酸嘢的材料。常见的品种就有酸李子、酸杨桃、酸木瓜、酸番石榴、酸芒果等。制作酸嘢的工序也很简单，将各种水果用盐、糖、甘草粉、辣椒粉等腌制即可。在当地人看来，这些"奇葩"的重口味吃法对身体大有益处。云南、广西地处亚热带、热带地区，大多数时间的气候潮湿炎热。吃辣椒自然容易出汗，如此吃水果既能消暑又能缓解湿热所带来的不适感，可谓一举两得。

名人吃辣椒

辣椒的受众既然如此之多，自然少不了晚清、民国间的名人。《清稗类钞》堪称清末民初之际当之无愧的一部"吃货宝典"。书中记载了有关曾国藩的一则趣事。身为晚清"中兴四大名臣"之一，曾国藩在同治年间位高权重。担任两江总督（辖江苏、江西、安徽三省）时，有下属吏员想要了解曾国藩的饮食偏好来拍马屁，就偷偷地贿赂了曾的伙夫。伙夫倒也不忌讳，于是告诉这位吏员上菜前先给自己看看。过了一会儿，吏员送来一碗燕窝，伙夫拿出湘竹管制的容器向碗中乱撒，吏员急忙责备他，伙夫倒也不慌不忙："这是辣椒粉，每餐都不能少，送上去就可以获得赏赐。"后来果然如他所说。燕窝虽然是名贵菜肴，其实淡而无味，吏员实在没有想到，曾国藩久在外地做官，却还是保持了家乡（湖南湘乡）的饮食习惯，嗜好辣椒。

谈到湖南的名人吃辣椒，当然不能不提毛泽东。毛主席爱吃辣椒可以说是众所周知。在中南海工作过的周福明后来就说，"主席吃的菜里一般很少放辣椒，辣椒平时吃得也不算多，但吃得很辣。厨师把小青椒放到锅里煸一下，翠绿翠绿的，主席就爱这么吃辣椒。一般人是吃不了的，非得有真功夫不可"。但他最有名的一个与辣椒有关的典故，还是"不吃辣椒不革命"。美国记者斯诺在他的名著《西行漫记》中写道："因为是湖南人，他（指毛泽东）有着南方人'爱辣'的癖好，他甚至用馒头夹着辣椒吃。除了这种癖好之外，他对于吃的东西就很随便。有一次吃晚饭的时候，我听到他发挥爱吃辣的人都是革命者的理论。他首先举出他的本省湖南，就是因产生革命家出名的……"在此，毛泽东诙谐地将"辣椒"与"革命精神"联系起来，令有同感者啧啧称赞，未尝试过辣中滋味的人也不禁为毛泽东的幽默所感。

在湖南之外，吃辣的名人亦有不少。现代的丹青圣手张大千（四川内江人）是位赫赫有名的美食大家。更有趣的是，他不仅善谈，而且善做，往往自己亲自上灶。用他自己的话来讲："以艺事而论，我善烹调，更在画艺之上。"

在张家的餐桌上出现最多的菜莫过于粉蒸牛肉。粉蒸牛肉原本是四川小吃，叫小笼蒸牛肉，里面要放大量豆瓣、花椒，此外要放干辣椒面，以增加香辣味。这道菜香浓味鲜，而且麻辣可口。但是张大千不满意市面上的普通干辣椒面，他用来做粉蒸牛肉的辣椒面一定要自家种的，再加香菜。

四川的邻省陕西讲究"咸辣并重"，辣的同时要佐以盐，使口感更加浓厚。国民党元老于右任是陕西三原人，他有一次回乡时，在一家叫明德亭的饭馆吃到了一道"辣子煨鱿鱼"，着实可口，滋味鲜美。于右任当即要付钱买单，可是店家如何肯收？末了，于右任为店家挥毫写了明德亭三个大字，还专门落款"三原于右任"。须知，于右任是书法大家，名列国民党元老"书法四珍"（于右任、谭延闿、胡汉民和吴稚晖），他的题词，不啻千金。此后，于右任每次回故乡，都必去明德亭品尝辣子煨鱿鱼。这道菜至今仍是陕西名菜。

如果说，上面这些人都是出身"嗜辣区"，那么，籍贯所在地并不流行吃辣的名人们又如何呢？京剧大师梅兰芳祖籍江苏泰州，在北京出生长大。这两个地方在民国年间，都不怎么吃辣。可是在北京生活时，梅兰芳很喜欢去峨嵋酒家（北京最早的川菜馆子），品尝这里的宫保鸡丁。峨嵋酒家的创始人是川菜大师伍钰盛，他做出的宫保鸡丁别具一格，味道层次分明：先甜后酸，再咸鲜，略出辣椒香，最后透出椒麻。后来，梅兰芳也曾为峨嵋酒家题写了匾额，这与于右任的做法，可谓异曲同工。

另一位民国名人鲁迅是地地道道的浙江绍兴人。总的来说，浙江除了西南一隅的衢州等地，一般不太吃辣。比如蒋介石是绍兴隔壁的宁波奉化人，但他对辣椒就不怎么感冒。抗战时期国民政府西迁重庆，上面说的那位伍钰盛曾为宋子文（祖籍海南，生于上海）当过家厨，蒋介石夫妇也吃过伍师傅做的菜。据说，伍钰盛为这些国民党要员做的都是"川菜中不辣的菜，以醇厚清淡著称"。

但鲁迅就不一样了。他的晚年伴侣许广平说他"爱吃的还有辣椒"。鲁迅为什么会喜欢吃辣椒呢？这倒不是因为他很早就离开了家乡——他长期居住的北京、上海都不嗜辣，而是少年时形成的习惯。许广平回忆鲁迅经常跟他说，他曾领受他母亲的八块钱到南京求学，到了之后，款就用完了。入学之后，再没有多余的钱可以给他做御寒的棉衣，而冬天来了，砭人肌骨的寒威是那么严酷，没有法子，他就开始吃辣椒取暖。时间一长，吃辣椒"以至成了习惯，进而变为嗜好"。鲁迅在南京江南水师学堂第一学期结束时，因考试成绩优异，学校发给他一枚金质奖章。可是他却跑到鼓楼街把它卖了，用卖掉的钱买了几本自己喜欢的书和一大串红辣椒。

以此看来，对于不少人来说，辣椒的滋味终究是难以抗拒的吧。张起钧先生在《烹调原理》中就深有感触地说："不要说吃辣椒，哪怕是菜里放一点辣椒，整盘菜都不敢吃了。到了湖南，看到湖南人用辣椒做的菜好香。尝尝吧，愈尝愈勇敢，不到半年，则可以跟湖南人一样地吃辣椒了。"

◇ 菜谱 · 辣子鸡 ◇

诸如此类的美味佳肴，无不仰赖辣椒而吸引无数吃货。

主料：鸡腿

配料：炸花生米、鸡蛋、料酒、生抽、蚝油、白胡椒粉、盐、葱、姜、蒜、花椒、干辣椒、糖、油等

做法：将切块的鸡腿肉放入大碗中，加入料酒、生抽、蚝油、白胡椒粉、盐、姜拌匀；接着加入蛋清拌匀后，再加淀粉拌匀，加油拌匀，腌30分钟；锅里倒油，烧至七成热，捞出鸡肉里的生姜不要，放入鸡肉炸熟后捞出；将锅里的油再次烧至八成热，放入鸡块复炸到表皮酥脆金黄后捞出备用；锅里留少许底油，放入姜片、蒜末、葱花、花椒、干辣椒，小火炒出香味；放入炸好的鸡块，再放入花生米，加少许糖翻炒均匀。

参考文献

吴正格：《满族食俗与清宫御膳》，辽宁科学技术出版社，
　　　　1988 年

张孟伦：《汉魏饮食考》，兰州大学出版社，1988 年

陈基，叶钦，玉文全：《食在广州史话》，广东人民出版社，
　　　　1990 年

邱庞同：《中国面点史》，青岛出版社，1995 年

黎虎：《汉唐饮食文化史》，北京师范大学出版社，1998 年

顾承甫：《老上海饮食》，上海科学技术出版社，1999 年

贾蕙萱：《中日饮食文化比较研究》，北京大学出版社，
　　　　1999 年

王利华：《中古华北饮食文化的变迁》，中国社会科学出
　　　　版社，2000 年

赵荣光：《满汉全席源流考述》，昆仑出版社，2003 年

杨强：《北洋之利：古代渤黄海区域的海洋经济》，江西
　　　　高校出版社，2003 年

赵荣光：《中国饮食文化史》，上海人民出版社，2006 年

周正庆：《中国糖业的发展与社会生活研究：16 世纪中叶
　　　　至 20 世纪 30 年代》，上海古籍出版社，2006
　　　　年

邱庞同：《食说新语：中国饮食烹饪探源》，山东画报出

版社，2008 年

唐艳香：《近代上海饭店与菜场》，上海辞书出版社，
　　　　2008 年

徐旺生：《中国养猪史》，中国农业出版社，2009 年

张宇光：《吃到公元前：中国饮食文化溯源》，中国国际
　　　　广播出版社，2009 年

林乃燊，冼剑民：《岭南饮食文化》，广东高等教育出版社，
　　　　2010 年

韩茂莉：《中国历史农业地理》，北京大学出版社，2012
　　　　年

徐海荣：《中国饮食史》，杭州出版社，2014 年

安娜·玛里亚·阿马罗：《大地之子：澳门土生葡人研究》，
　　　　澳门文化司署，1993 年

周粟：《周代饮食文化研究》，吉林大学博士论文，2007 年

李成：《黄河流域史前至两汉小麦种植与推广研究》，西
　　　　北大学博士论文，2014 年

张军涛：《商代中原地区农业研究》，郑州大学博士论文，
　　　　2016 年

肖先娜：《太湖猪养殖历史研究》，南京农业大学硕士论
　　　　文，2001 年

范丽花：《世说新语中魏晋士人饮食文化研究》，江南大
　　　　学硕士论文，2007 年

惠媛：《唐代北方羊肉饮食探微》，陕西师范大学硕士论
　　　　文，2011 年

曾慧芳：《中国古代石磨盘研究》，西北农林科技大学硕
　　　　士论文，2012 年

芦宁：《先秦两汉黄河流域粟与小麦地位变化研究》，河

南大学硕士论文，2015 年

陈绍军：《从我国小麦、面食及其加工工具的发展历史试
谈馒头的起源问题》，《农业考古》，1994 年
第 1 期

王仁湘：《羌煮貊炙话胡食》，《中国典籍与文化》，
1995 年第 1 期

李自然：《论满汉全席源流、现状及特点》，《西北第二
民族学院学报》，2003 年第 1 期

邱仲麟：《皇帝的餐桌：明代的宫膳制度及其相关问题》，
《台大历史学报》第 34 期，2004 年 12 月

王玲：《〈齐民要术〉与北朝胡汉饮食文化的融合》，《中
国农史》，2005 年第 4 期

董跃进：《古代鱼脍的原料和吃法》，《扬州大学烹饪学
报》，2009 年第 1 期

曹幸穗：《中国历史上的奶畜饲养与奶制品》，《中国乳
业》，2009 年 11 期

周岩壁：《唐人食鲙》，《文史知识》，2011 年第 8 期

王灿：《浅谈楚辞中的先秦楚地饮食文化》，《鸡西大学
学报》，2011 年第 11 期

徐吉军：《南宋临安馒头食品考》，《浙江学刊》，2012
年第 3 期

赵敏：《小笼包风味特点及形成因素》，《民营科技》，
2012 年第 12 期

冯桂容：《鳆鱼与鲍鱼关系探讨》，《齐齐哈尔师范高等
专科学校学报》，2013 年第 1 期

赵建民：《北京"焖炉烤鸭"与汉代"貊炙"之历史渊源》，
《扬州大学烹饪学报》，2013 年第 1 期

朱冠楠，李群：《明清时期太湖地区的生态养殖系统及其
　　　价值研究》，《中国农史》，2014 年 2 月

陈婷：《苏州糖文化研究》，《农业考古》，2015 年第 3
　　　期

张茜：《历史学和人类学视野下的中国奶食文化》，《美
　　　食研究》，2017 年第 3 期

彭海铃：《土生菜：澳门饮食文化的混血儿》，2011 杭州·亚
　　　洲食学论坛论文，2011 年 8 月

此外，在写作本书的过程中，作者还参阅了大量前辈
名家和诸多老师、学长的文章，限于篇幅，无法一一列出，
在此谨向各位前辈师长表示诚挚的感谢。

图书在版编目（CIP）数据

和苏东坡一起吃饭 / 郭晔旻著. -- 杭州 ：浙江大
学出版社，2022.8
ISBN 978-7-308-22597-7

Ⅰ. ①和… Ⅱ. ①郭… Ⅲ. ①饮食－文化－中国
Ⅳ. ①TS971.2

中国版本图书馆CIP数据核字(2022)第077745号

和苏东坡一起吃饭

郭晔旻　著

策划编辑	张　婷
责任编辑	顾　翔
责任校对	陈　欣
封面设计	VIOLET
出版发行	浙江大学出版社
	（杭州市天目山路148号　　邮政编码　310007)
	（网址：http://www.zjupress.com)
排　版	杭州林智广告有限公司
印　刷	杭州钱江彩色印务有限公司
开　本	880mm×1230mm　1/32
印　张	8.125
字　数	176千
版 印 次	2022年8月第1版　2022年8月第1次印刷
书　号	ISBN 978-7-308-22597-7
定　价	65.00元